信阳林业外来入侵物种及其防控

XINYANG LINYE WAILAI RUQIN WUZHONG JIQI FANGKONG

信阳市林业技术工作站　编
马向阳　王法海　主编

黄河水利出版社
·郑州·

图书在版编目（CIP）数据

信阳林业外来入侵物种及其防控 / 信阳市林业技术工作站编；马向阳，王法海主编. --郑州：黄河水利出版社，2025. 7. --ISBN 978-7-5509-4213-4

Ⅰ. S718. 57

中国国家版本馆CIP数据核字第20259WM442号

信阳林业外来入侵物种及其防控

信阳市林业技术工作站　编 | 马向阳　王法海　主编

组稿编辑　杨雯惠
责任编辑　景泽龙
责任校对　兰文峡
封面设计　李思璇
责任监制　常红昕
出版发行　黄河水利出版社
地址：河南省郑州市顺河路 49 号　邮编：450003
网址：www.yrcp.com　E-mail：hhslcbs@126.com
发行部电话：0371-66020550
承印单位　河南博之雅印务有限公司
开　　本　787 mm × 1 092 mm　1/16
印　　张　10
字　　数　220 千字
版　　次　2025 年 7 月第 1 版
印　　次　2025 年 7 月第 1 次印刷

定　　价　96.00 元

《信阳林业外来入侵物种及其防控》

编委会

主　　编

马向阳　王法海

副主编

余华洋　冯志敏　王　刚

参编人员

（以姓氏笔画为序）

王　峰　王继红　许智新　李　锐　李大鹏

李志强　李新生　杨　威　杨　衡　冷天骄

汪付强　张亚阳　张丽平　桂世超　黄　兴

前　言

外来入侵物种是指从国外传入定殖并对生态系统、生境、物种带来威胁或危害，影响中国生态环境，损害农林牧渔业可持续发展和生物多样性的外来物种。我国是全世界遭受外来入侵物种危害最严重的国家之一，《2020 中国生态环境状况公报》显示，我国已发现 660 多种外来入侵物种。随着人员往来的日益频繁和物流业的迅速发展，外来物种入侵我国的速度加快，新的外来入侵物种不断被发现。

外来入侵物种影响我国生物安全、生态安全、经济安全、资源安全，对人民福祉、经济社会可持续发展构成重大危害，防控外来入侵物种是维护国家安全的重要内容。外来物种入侵及危害引起了党和国家的高度重视，习近平总书记对防控外来物种入侵多次作出重要批示，国家先后制定、颁布了《中华人民共和国生物安全法》《外来入侵物种管理办法》等法律法规。2021 年至 2023 年，农业农村部、国家林业和草原局等七部门组织开展了全国性外来入侵物种普查工作。

信阳地处中原，交通发达，物流频繁，且气候属北亚热带向暖温带过渡区，有利于外来有害生物的入侵、生存、繁殖、扩散，是外来入侵生物危害较严重的地区之一，特别是近 10 多年来，松材线虫的入侵，给信阳市松林资源、生态环境造成很大的损害，也造成了重大经济损失。此外，空心莲子草、加拿大一枝黄花、凤眼莲、一年蓬、垂序商陆、小蓬草等外来入侵物种分布较广且危害较严重。此次普查，信阳林业部门负责森林、草原、湿地生态系统外来入侵物种的调查工作，经过市、县两级林业部门的共同努力，基本查清本地森林、草原、湿地生态系统外来入侵物种种类数量、分布范围、危害程度等情况，共发现入侵物种 84 种（受踏查线路、标准地设置的局限性影响，有些入侵物种可能被遗漏；此外，不包含本地农业等其他部门的普查数据），其中列入 2023 年 1 月 1 日起施行的《重点管理外来入侵物种名录》15 种，列入《中国外来入侵物种名单》（第一至四批）22 种。

为总结此次普查成果，信阳市林业技术工作站组织有关技术人员编写此书，重点介绍 73 种外来入侵物种的识别要点、入侵危害、防控措施等内容，并配有图片，图文并茂，以期更好地指导基层技术人员、广大林农识别、防控外来入侵生物。

本书编写过程中，物种分类按照克朗奎斯特系统，每个大类中，每种外来入侵物种按照目、科、属、种的拉丁文学名首字母顺序依次排列。本书使用了县（区）林业部门提供的普查照片，因部分照片没有注明拍摄者，故县（区）的照片一律标注为“×× 县提供”，在此对本书所采用照片的拍摄者表示衷心的感谢！

尽管本书的撰写、统稿、编辑人员为此付出了辛勤劳动，但由于编者专业水平有限，书中仍会存在一些疏漏和不当之处，恳请广大专家、读者提出宝贵意见。

编　者

2025 年 6 月

目　录

第一章　外来入侵物种概述

第二章　外来入侵物种简介及其防控

第三章 信阳市林业外来入侵物种风险评估

参考文献

第一章　外来入侵物种概述

第一节　概　念

一、生物入侵

生物入侵是一个广泛存在的现象且具有相当长的历史过程。随着科技的发展、国际贸易和旅游业的繁荣，人们有意或无意地将一个地区的物种带到另一个地区。这些被转移的物种在新环境中生长、繁殖并扩散，对当地的生态环境和经济发展构成威胁，成为全球变化的重要组成部分，引起了公众、科学家、国际组织和各国政府的广泛关注。生物入侵不仅对生境质量、生态系统结构和功能造成显著改变，对生物多样性构成严重威胁，还阻碍了地方乃至全球经济的发展。当今世界，几乎没有任何区域能够幸免于外来物种的入侵，就连人迹罕至的南极洲也未能例外。

二、外来物种

根据《生物多样性公约》的定义，外来物种指在其过去或现在自然分布区之外引入的物种、亚种或低等级分类单位，包括此类物种可能成活及随后繁殖的任何器官、配子、种子、卵或繁殖体。《国际植物保护公约》将外来物种界定为通过人类媒介进入该地区的非本地生物体的任何生命阶段的单个物种或种群或者可存活的器官。根据《外来入侵物种管理办法》（农业农村部、自然资源部、生态环境部、海关总署令 2022 年第 4 号），外来物种是指在中华人民共和国境内无天然分布，经自然或人为途径传入的物种，包括该物种所有可能存活和繁殖的部分。

三、外来入侵物种

根据《生物多样性公约》的定义，外来入侵物种指其引入和 / 或扩散威胁生物多样性的外来物种。《国际植物保护公约》则将外来入侵物种界定为其定殖或扩散伤害植物或者通过风险分析表明潜在伤害植物的外来物种。根据《外来入侵物种管理办法》，外来入侵物种是指传入定殖并对生态系统、生境、物种带来威胁或者危害，影响我国生态环境、损害农林牧渔业可持续发展和生物多样性的外来物种。其中，“外来”是以国界为划分标准，其原产地必须是我国以外的，即我国境内没有天然分布，排除了原产于我国并在我国境内跨区域传播的种类。“入侵”不仅意味着能够在我国境内生存和繁殖，更为重要的是能够进入自然生态系统，造成各类影响，包含了威胁和危害两层含义，即威胁主要针对对生态系统的影响，危害则侧重于对人类利益的影响。“物种”不仅是种级分类单元，也包括种级以下分类单元。物种可以是一个完整的生物个体，还包括植物能够存活和繁殖的细胞、组织和器官等，也包括动物的卵、微生物的孢子或繁殖体等。

第二节 外来入侵物种的特点及入侵途径

一、外来入侵物种的特点

当外来物种进入新的生态系统后，如果温度、湿度、海拔、土壤、营养等环境条件适宜，就会自行繁衍。许多外来物种虽然能够形成自然种群，但是多数种群数量都维持在较低水平，并不会造成危害。然而，造成生物灾害的外来入侵生物往往具备以下特点。

（一）生态适应能力强

许多外来入侵生物适宜生活范围非常广，可以在多种生态系统中生存，其中许多物种可以跨越热带、亚热带和温带地区。有的可以在极其贫乏的土壤中生存，喜干旱和阳光充足的地方（生态退化常形成这种环境）。有的则可以以某种方式度过干旱、低温、污染等不利条件，一旦条件适合就开始大量滋生。例如，种子可以在土壤中存活多年，一旦条件好转，就开始发芽。

（二）繁殖能力强

入侵生物能够产生大量的后代或种子，或繁殖世代较短，特别是具有很强的无性繁殖（如营养繁殖）能力，可以通过根、芽、茎、孢芽或孢子等多种方式大量繁殖。

（三）传播能力强

入侵生物能够迅速大量传播，使其有更多的机会找到适宜的栖息环境，有的种子非常小，可以随风和流水传播到很远的地方；有的种子可以通过鸟类或其他动物实现远距离传播；有的生物与人类的生活和工作关系密切，很容易通过人类活动被无意传播；也有的生物因其外观美丽或具有经济价值，而常常被人类有意引入和传播。

二、入侵途径

（一）有意引进

有意引进是指出于农林牧渔生产、生态环境改善、景观美化或观赏娱乐等的需要而引入。例如，作为食物引进的尾穗苋、茼蒿、福寿螺、牛蛙等，作为观赏物种引进的加拿大一枝黄花、巴西龟等，作为药用植物引进的洋金花，作为牧草引进的扁穗雀麦，以及为快速解决生态环境退化、植被破坏、水土流失和水域污染等问题引进的薇甘菊和凤眼莲，这些都是最初被视为优良品种有目的引进的物种，但由于缺乏全面综合的风险评估，加之其自身生命力极其强大，在生态环境和食物链发生改变、缺乏天敌制约的情况下泛滥成灾，最终扩散蔓延为入侵物种，造成严重的生态危害。

（二）无意引进

无意引进是指伴随贸易、运输、旅游等活动而传入。例如，随苗木和插条引进的杨树花叶病毒，随进口粮油、货物或行李裹挟偶然带入的长芒苋，通过木制包装箱带进国内的松材线虫，这些都是随着人类活动意外带入的物种。进出口贸易轮船，入境旅客携带的水果、肉类，甚至其衣物、鞋底，都可能成为外来入侵物种的"顺风车"。

（三）自然扩散

自然扩散是指依靠物种自身的扩散传播力，或者借助风力等自然力量而传入。在自然条件下，物种的远距离传播大多数是通过鸟类、海洋漂流或者风力等传播到自然栖息地以外的地区。外来入侵物种也越来越多地在没有人类直接干预的情况下实现跨区域传播。例如，外来入侵植物紫茎泽兰于20世纪40年代，从中缅边境的缅甸一侧自然扩散进入我国；飞机草于20世纪20年代作为香料被引入泰国，随后经由越南、缅甸等国自然扩散至我国云南。自然扩散是生物生存和发展的自然规律，防范此类外来物种入侵是极其困难的。

第三节　研究外来入侵物种的意义

随着全球经济一体化的加速推进，国际贸易和跨国旅游业迅猛发展，外来生物入侵已成为一个全球性挑战，对各国的生态环境和农业发展造成了严重负面影响，被公认为21世纪五大全球性环境问题之一，开展外来生物入侵的防控已是全球各国政府关注的主要环境问题和工作重心之一。

我国拥有森林、灌丛、草甸、草原、沙漠和自然湿地等地球陆地生态系统的各种类型，有红树林、珊瑚礁、海草床、海岛和海湾等多种类型海洋生态系统，有农田、人工林、人工湿地、人工草地和城市等人工生态系统，自然环境条件多样、生态系统多型，因此世界各地大多数物种都能在我国找到合适的栖息地或生境，这使得我国比较容易遭受外来物种的入侵。

近年来，我国已成为世界上遭受生物入侵危害最为严重的国家之一，生物入侵对我国生态环境和农业生产造成了极大危害，而且还在随着气候变化、国际贸易等的发展不断加剧。加拿大一枝黄花、空心莲子草、豚草、烟粉虱、福寿螺、松材线虫等重大入侵杂草、病虫害已成为公众熟知的入侵物种，给我国造成严重的经济、社会、生态危害。不仅导致农林牧渔业生产遭受损失、生物多样性丧失、区域自然景观和生态环境破坏、生态系统退化，甚至威胁到人类健康及社会安全稳定。

为防范外来生物入侵，保护生态环境和生物多样性，国际组织及全球主要发达国家纷纷研究并制定了相应的对策，采取多种办法管理外来物种，包括物种引进的风险管理、传播的监测预警和处置等，实施了适合本国应对外来物种入侵的防控措施，取得了较好的生态效益和经济效益。

我国持续借鉴国际先进经验，加强管理，严加防控，保障国家生态安全。《中华人民共和国生物安全法》将外来物种入侵界定为生物安全重大风险因素之一，并将防范外来物种入侵与保护生物多样性等纳入国家生物安全的重要组成部分，强化防范外来物种入侵在国家生物安全治理体系中的重要地位，要求国务院农业农村主管部门会同国务院其他有关部门制定外来入侵物种名录和管理办法。《外来入侵物种管理办法》是对《中华人民共和国生物安全法》规定的原则和制度进行细化，对预防外来物种入侵，保护生物安全和生物多样性，实现社会、经济可持续发展，保护人类生命健康和促进农林牧渔业健康发展具有重要作用。

早在 2010 年，联合国《生物多样性公约》（CBD）缔约方就通过了《2011—2020 年生物多样性战略计划》。该计划提出："到 2020 年，外来入侵物种及其入侵途径得到确认和危害排序，危害较大的外来入侵物种得到控制或被根除，采取措施控制入侵途径，防止入侵物种的进入和定居。"但到目前为止，实现这一目标的总体努力仍显不足。2021 年 10 月在昆明举办的《生物多样性公约》缔约方大会第十五次会议（COP15）通过的《2020 年后全球生物多样性框架》进一步要求：在截至 2030 年的 10 年内采取紧急行动，"管理引进外来入侵物种的途径，防止或减少至少 50% 的引入率和建立种群的概率，并控制或根除外来入侵物种，以消除或减少其影响，重点是优先物种和优先地点"。

目前，尽管许多国家对引种实施了比先前更为严格的管控措施，但仍面临着诸多挑战。许多人工圈养的外来动物或人工种植的外来植物，之所以会在野生环境中归化，甚至成为入侵种群，一方面是由于引种后的监管不严而造成的物种逃逸；另一方面则是由于缺乏足够的生物安全意识，随意丢弃外来物种的事件屡见不鲜。欧盟发布了禁止在本区域饲养、繁殖或交易的外来物种黑名单，这似乎可以从源头上制止非法外来物种的引入，但仍不足以阻止通过合法途径引入的外来物种的逃逸行为。由于宠物或园艺市场有巨大的经济效益，随着电商平台及快递行业的飞速发展，线上交易的形式使得物种的跨地区流通更加便捷和频繁，其中不仅包含外来物种的合法贸易，也可能存在违禁外来物种的非法贸易，这些新的交易形式给相关部门和机构的监管工作带来了巨大的挑战。

外来入侵物种可能通过形形色色的载体被无意引入到新环境中。许多商品或货物中可能会携带有害的外来物种。例如，附着在活植株上的病原体、家畜的体内或体外寄生虫、夹杂在粮食中的杂草种子、木材上的有害昆虫，甚至存在于进口土壤中的有害生物。近年来，随着贸易量的激增，大量林木有害昆虫和病原体被引入到新地区，对森林生态系统造成了重大危害。在欧洲，大多数外来昆虫的引进都与国际植物贸易密切相关。此外，约 1/4 的外来植物种子是夹杂在谷物或饲料中而被引入的。病原体随植株一同被运送至新地区，随后在新的环境中成为入侵性的植物病原体，引发大面积的植物病害。野生宠物可能携带对人类、家畜和本土野生动物具有潜在传染性的病原体，导致人畜共患病的爆发。例如，有 20 多种传播人畜共患病的体内寄生虫和 30 多种可能传播疾病的体外寄生虫伴随商品、货物等传入欧洲。目前，尽管在对入境的各种植物繁殖体、活体动物等的检验检疫方面已经投入了很大的努力，严格依照现有的动植物检验检疫标准进行筛查，但是这些有害物种名录仅仅是针对目前检疫关注的已知有害生物，其完整性和科学性还有待进一步验证。

随着全球航运业的迅猛发展，成千上万的物种可能通过压载水和货物被运输到世界各地，并在适宜的新环境中成功定居。自 20 世纪下半叶以来，不可降解塑料的使用急剧增加，短短几十年间，全球海陆面上已沉积了数十亿吨塑料垃圾。这使得大量物种得以借助塑料为载体，被运送到更远的地方，从而形成了一种全新的外来物种海洋漂流传播机制。与此同时，随着旅游业的蓬勃发展，游客的服装、鞋子和帐篷等都可以成为外来物种的载体。据估计，仅 1 g 附着在鞋子上的土壤就可以容纳 5×10^6 个细菌，或 5×10^4 个真菌，或 3 粒种子，或 40 条线虫，而这些生物中往往潜藏着潜在的外来入侵物种。更值得注意的是，与其他外来物种引入方式相比，目前针对这种以人类自身为媒介的无意引进，尚缺乏有效的管理措施。

第四节 外来入侵物种种类

一、外来入侵物种名录（单）

制定外来入侵物种名录是进行外来入侵物种管理的重要手段之一。《中华人民共和国生物安全法》第十八条明确规定：“国家建立生物安全名录和清单制度。国务院及其有关部门根据生物安全工作需要，对涉及生物安全的材料、设备、技术、活动、重要生物资源数据、传染病、动植物疫病、外来入侵物种等制定、公布名录或者清单，并动态调整。”《外来入侵物种管理办法》第六条也明确规定：“农业农村部会同有关部门制定外来入侵物种名录，实行动态调整和分类管理，建立外来入侵物种数据库，制修订外来入侵物种风险评估、监测预警、防控治理等技术规范。”因此，开展外来入侵物种名录梳理和制修订方法研究，有助于更好地依据法律法规开展外来入侵物种管理，从而有效防范和应对外来入侵物种带来的危害。

（一）生态环境部门主导制定的名录（单）

自 2003 年以来，生态环境主管部门会同中国科学院，先后于 2003 年、2010 年、2014 年、2016 年发布了 4 批外来入侵物种名单，共包括 71 种外来入侵物种。2021 年 5 月 24 日发布的《2020 中国生态环境状况公报》显示：全国已发现 660 多种外来入侵物种，其中包括植物 370 种、动物 220 种，以及少量的菌物、原核生物和原生生物等。对 69 个国家级自然保护区外来入侵物种调查结果显示，219 种外来入侵物种已入侵国家级自然保护区，其中 48 种外来入侵物种被列入《中国外来入侵物种名单》。2020 年较 2019 年，国家级自然保护区外来入侵物种增加了 2 种。作为保护生物物种资源和典型生态系统的主阵地，国家级自然保护区正面临外来物种入侵的严峻挑战，这对生物多样性和生态系统功能的保护构成了严重威胁。

（二）农业部门主导制定的名录（单）

2013 年，原农业部发布了《国家重点管理外来入侵物种名录（第一批）》，52 种外来入侵物种被收录其中。根据《中华人民共和国生物安全法》，2022 年农业农村部会同自然资源部、生态环境部、住房和城乡建设部、海关总署和国家林业和草原局组织制定并发布了《重点管理外来入侵物种名录》。该名录包含植物、昆虫、植物病原微生物、植物病原线虫、软体动物、鱼类、两栖动物、爬行动物等 8 个类群 59 种。其中，植物有紫茎泽兰、藿香蓟、空心莲子草等 33 种，昆虫有苹果蠹蛾、红脂大小蠹、美国白蛾等 13 种，植物病原微生物有梨火疫病菌、亚洲梨火疫病菌等 4 种，植物病原线虫有松材线虫 1 种，软体动物有非洲大蜗牛、福寿螺 2 种，鱼类有鳄雀鳝、豹纹翼甲鲶、齐氏罗非鱼 3 种，两栖动物有美洲牛蛙 1 种，爬行动物有大鳄龟、红耳彩龟 2 种。所列物种是当前和今后一个时期外来入侵物种防控的重点所在，该名录自 2023 年 1 月 1 日起正式施行。

（三）林草部门主导制定的名录（单）

在国家林草主管部门的统一安排部署下，自 20 世纪 80 年代以来，我国先后进行了森林病虫害普查、林业有害生物普查、外来入侵物种普查、草原有害生物普查，以及针对松材线虫、美国白蛾、加拿大一枝黄花、红火蚁、福寿螺等重点物种的专项调查，基本查清了林草外来入侵物种的种类、分布及危害情况。在 2014—2017 年开展的全国林业有害生物普查工作，共发现对林木、种苗等林业植物及其产品造成危害的林业有害生物种类 6 179 种。其中，外来林业有害生物有 45 种，与 2006 年普查结果相比，新发现 13 种外来林业有害生物。在 2022—2023 年开展的全国森林、草原、湿地生态系统外来入侵物种普查中，制定了 65 种国家级重点外来入侵物种名单，并要求围绕这些重点种类开展全面监测调查。

（四）地方政府主导制定的名录（单）

除了国家名录（名单），各省或地区根据自身的生物安全、生态安全与粮食安全保障需求，制定并发布了地方性名单或名录。例如，《云南省外来入侵物种名录（2019 版）》收录了云南省境内发现的外来入侵物种，共计 441 种及 4 变种；《江苏省外来入侵物种名录（第一批）》包含外来入侵物种 32 种，其中Ⅰ级重点管控物种 8 种，Ⅱ级一般管控物种 24 种。

二、外来入侵物种分类

（一）外来入侵植物

外来入侵植物种类杂、数量多、分布广、影响大。外来植物（alien plant）是指非本地的植物（non-native plant）经过自然或者人为因素离开原产地进入其他国家，且能够生存并延续的物种。其中，能够在自然条件下自身繁殖并延续的类群称为归化植物（naturalized plant）。归化植物中能够对经济、生态乃至社会造成危害的种类称为外来入侵植物（invasive alien plant）。菊科、豆科、禾本科、苋科构成了我国入侵植物的主体。

外来入侵植物的主要引入途径是由人的活动影响或植物自身扩散造成的无意带

入。在有意引入中，最高的频次是以观赏为目的造成的引入，占比超过 1/3；其次按频次多少排序是饲料牧草、药用、食用、护坡和绿肥；相对较少的频次是香料、油料、行道树、造纸、农药、栲胶树种。

我国外来植物的入侵地点主要分布于东南沿海地区，其次为西南地区和辽东半岛。外来植物入侵和扩散过程受人类活动的影响最为显著，甚至突破一些自然条件的限制。

（二）外来入侵动物

外来入侵动物主要分为哺乳类、鸟类、两栖类、爬行类、鱼类、昆虫类、甲壳类、软体动物等。根据《中国外来入侵物种名单》，共有 31 种动物被列入其中。其中，脊椎动物占 19.35%，而无脊椎动物占 80.65%。在无脊椎动物中，除非洲大蜗牛、福寿螺、松材线虫和克氏原螯虾等 4 种外，其余 21 种均为昆虫，占无脊椎动物种类的 84%，是入侵动物的主要类型。研究表明，豆象科、象甲科、粉蚧科、蓟马科和实蝇科是中国外来入侵昆虫的主体。这些科类之所以成为入侵主体，可能有以下几个原因：其一，个体较小，易隐藏，检验检疫难以发现。其二，具有钻蛀植物的能力，在借助运输或物品携带的过程中容易过境。其三，若具备飞行能力，则更易实现远距离扩散。我国大部分外来入侵昆虫的原产地为亚洲，其次为欧洲。

（三）外来入侵微生物

与外来入侵动植物相比，我国对外来微生物种类的调查更为少见。微生物包括真菌、细菌、病毒、原生生物等类别，具有隐蔽性强、传播途径多样、宿主范围广、环境适应性强和治理难度高等特点。假单胞菌科、瘤座孢科、伴生豇豆病毒科、棒状菌科、弹状病毒科、腐霉科、杆状病毒科、虹彩病毒科、霜霉科、座囊菌科和丛梗孢科构成了中国外来入侵微生物的主体。一般是随活体带皮的原木、嫁接的枝条、幼树、花钵、根系带的土壤无意引进的。这是因为当时人们对微生物的认识尚浅，鉴别能力较低，加之微生物个体微小，难以被及时检测出来。我国外来入侵微生物的主要原产地是北美洲，其次为亚洲。其传播途径与昆虫的类似。

三、信阳市林业外来入侵物种种类

根据信阳市森林、草原、湿地生态系统外来入侵物种普查结果，共发现林业外来入侵物种 84 种。包括松材线虫、美国白蛾、加拿大一枝黄花、空心莲子草（喜旱莲子草）、土荆芥、悬铃木方翅网蝽、凤眼莲（凤眼蓝）、刺苋、豚草、粉绿狐尾藻、刺槐叶瘿蚊、大薸、福寿螺等 13 种国家级重点入侵物种，板栗疫病菌、垂序商陆、一年蓬、毒莴苣（野莴苣）、月见草等 5 种省级重点外来入侵物种，以及野胡萝卜、藿香蓟、串叶松香草、白花鬼针草、三叶鬼针草、婆婆针、大狼杷草、矢车菊、剑叶金鸡菊、秋英、野茼蒿、小蓬草、春飞蓬、苏门白酒草、牛膝菊、菊芋、花叶滇苦菜、苦苣菜、钻叶紫菀、万寿菊、百日菊、北美独行菜、凹头苋、绿穗苋、反枝苋、皱果苋、青葙、紫茉莉、斑地锦、紫穗槐、紫苜蓿、刺槐、田菁、白车轴草、关节酢浆草、红花酢浆草、野老鹳草、苘麻、野西瓜苗、美丽月见草、北美车前、阿拉伯婆婆纳、香附子、五叶地锦、裂叶牵牛、圆叶牵牛、瘤梗甘薯、三裂叶薯、茑萝、毛曼陀罗、曼陀罗、苦藏、珊瑚樱、松针褐斑病菌、克氏原螯虾、白香草木樨、假酸浆、草木樨、黑心金光菊、灯笼果、黑麦草、长春花、樱花褐斑穿孔病菌、香丝草、两色金鸡菊、杨树花叶病毒等66种其他外来入侵物种。全市林业外来入侵物种发生面积超过43.8万亩[①]。

第五节 林业外来入侵物种危害现状

一、外来入侵物种危害

习近平总书记指出:"传统生物安全问题和新型生物安全风险相互叠加,境外生物威胁和内部生物风险交织并存,生物安全风险呈现出许多新特点,我国生物安全风险防控和治理体系还存在短板弱项。必须科学分析我国生物安全形势,把握面临的风险挑战,明确加强生物安全建设的思路和举措。"其中,外来物种入侵已成为威胁我国生物安全的重要因素之一,由其引发的新型生物安全风险正日益加剧。

(一)造成经济损失

2001年12月至2003年10月,我国开展第一次外来入侵物种调查。此次调查由原国家环境保护总局牵头、南京环境科学研究所协调,组织了20多位专家对我国国民经济行业4个门类的200多种外来入侵物种的危害进行了深入分析和测算。结果显示:外来入侵物种每年造成的经济损失高达1 198.76亿元,占当年GDP的1.36%。其中,对我国经济相关行业造成直接经济损失共计198.59亿元,农林牧渔业损失尤为突出,达到160.05亿元。除直接经济损失外,外来入侵物种对我国生态系统造成的间接经济损失更是超过千亿元。农业农村部每年都设立生态环境保护项目。2022年,仅用于防控长江流域的外来入侵物种资金就高达12亿元。除中央政府外,各地方政府也投入大量人力、物力控制外来物种入侵,2022年广东省仅针对外来物种红火蚁的防治预算就达到了5 000万元。

(二)威胁生态安全

一是造成入侵地生态系统失衡和生物污染。外来入侵物种加入入侵地的生物链,打破原有的生态系统。如凤眼莲(俗称水葫芦)本为原产于南美洲的浮水草本植物,在1901年因其观赏价值以及可用作畜禽饲料而被引入中国,后逃逸至野外。因其强大的繁殖能力,种群数量在野外膨胀式增长,现已广泛分布于华北、华东、华中、华南和西南的19个省(区、市)。凤眼莲的增殖速度极快,能够迅速覆盖水体表面,限制水体的流动,掠夺光资源,使水体中的溶氧量下降,使水体动植物缺氧致死,最终造成水体发臭污染。

二是导致生物多样性下降甚至丧失。外来入侵物种凭借自身生物特性抢占更多的生存资源,由于缺少自然天敌的控制,能够更快更多地繁殖后代,不断挤压土著物种的生

① 1亩=1/15 hm^2 ≈ 666.67 m^2。

存空间，导致这些物种因资源匮乏而灭绝；又或者是通过直接的捕杀、分泌特定的生物成分抑制土著物种的生存繁殖，使本地物种数量急剧减少。例如，臭名昭著的恶性杂草薇甘菊，原产于中南美洲，现已广泛分布于亚洲和太平洋热带地区。薇甘菊为藤本植物，节节生根，蔓延速度极快，适宜季节茎节每日可伸长高达 20 cm，且开花数量繁多，能产生大量轻小易扩散的种子。同时，薇甘菊还具有化感作用，极易形成单优种群，所到之处，往往造成大片森林枯萎死亡，导致植被退化，森林生态系统发生逆行演替。鳄雀鳝是北美 7 种雀鳝鱼中体型最大的一种，属于大型凶猛鱼类，主要生活在淡水环境中。其内脏和鱼卵均含有剧毒。一旦进入我国自然水域，会大量捕食本土水生生物，直接导致本土鱼类等水生动物种群急剧下降甚至灭绝，危害生物多样性和生态系统稳定。

三是外来入侵物种导致生态灾害频繁，严重威胁我国粮食安全。原产于热带美洲的草地贪夜蛾具有极强的迁徙能力，于 2019 年经东南亚传入我国，仅用半年时间已扩散至全国 18 个省（区、市）。其幼虫的食性广泛，可取食超过 76 个科 350 多种植物，其中又以禾本科、菊科与豆科为大宗，严重损害甘蔗、玉米等农作物生态系统。此外，松材线虫、美国白蛾、稻水象甲、苹果蠹蛾、美洲斑潜蝇等农林生态系统入侵害虫每年也在我国引发大面积灾害。

四是外来入侵物种能够破坏遗传多样性、改变物种进化方向，进而损害我国的生物基因资源。入侵种与本地近缘种之间、入侵种相互之间可能发生杂交，导致本土物种基因型在生物群落基因库中的比例发生变化。这会引发一些植被的近亲繁殖和遗传漂变，从而改变整个系统的演化方向。例如，原产于南美洲的南美蟛蜞菊本是以园林绿化为目的而引种的，但其定居后迅速向周围的群落蔓延扩张，且又因具有强烈的化感作用而形成疯狂蔓延态势。同时，它与本地蟛蜞菊杂交，形成了杂交新种蟛蜞菊，挤占本地蟛蜞菊基因型在基因库的比例，造成本地蟛蜞菊基因资源急剧减少。

（三）威胁人类健康

一些外来物种会携带其原产地的微生物、细菌或是其自身所产生的对周边物种和人类健康会产生负面影响的分泌物。例如，三裂叶豚草原产于北美洲，具有极强的养分汲取能力和再生能力，会造成土壤干旱贫瘠、遮挡阳光，从而降低农作物产量。每年 8—9 月是三裂叶豚草的花期，大量花粉散布到空气中，引发过敏性鼻炎和支气管哮喘等过敏反应，严重时会危及生命。此外，红火蚁原分布于南美洲巴拉那河流域，自 2004 年 9 月在广东省吴川市首次被发现以来，红火蚁已蔓延至国内 15 个省份，包括浙江、广东、广西、海南、重庆、四川、贵州和云南等，受害的县（市、区）超过 390 个。红火蚁对人有攻击性，并能够重复蜇刺。叮蜇时从毒囊中释放毒液，导致被叮咬者感到奇痒无比，并伴有如火灼伤般的疼痛感，随后还会出现类似灼伤的水泡。少数人会对毒液中的毒蛋白产生过敏反应，甚至可能引发过敏性休克，危及生命。

二、林业外来入侵物种危害现状

据有关文献记载，目前入侵我国的外来物种有近 800 种，已确认入侵农林生态系统的有638种，全国31个省（区、市）均有外来生物入侵发生并带来危害，半数以上县域都有入侵物种分布，几乎涉及所有类型的生态系统。受人类干扰的森林、草原、湿地等生态系统和自然保护地等区域是易受外来物种入侵的主要区域，外来入侵物种一旦形成优势种群，将不断排挤本地物种，并最终导致本地物种灭绝，破坏景观的自然性、完整性及生物多样性，影响遗传多样性，使物种单一化，更有甚者将导致生态系统的物种组成和结构发生改变，最终彻底摧毁整个生态系统。

三、信阳市林业外来入侵物种发生危害情况

信阳市林业外来入侵物种主要包括松材线虫、美国白蛾、悬铃木方翅网蝽、空心莲子草、土荆芥、加拿大一枝黄花、豚草、凤眼莲等。松材线虫于2009年在新县卡房乡首次被发现，由木质包装材料带入，后扩散到新县15个乡（镇、街道、林场）和临近的罗山县、光山县部分乡（镇）。2018—2023年，固始县、罗山县、光山县、商城县先后成为松材线虫病疫区。经过不懈治理，2022年固始县被撤销疫区，2024年罗山县和光山县被撤销疫区。2024年全市松材线虫病发生面积1 466.7 hm^2，病枯死松木达到0.82万株。美国白蛾于2014年由安徽省阜南县自然扩散、借助交通工具传播等方式传入信阳市淮滨县，后扩散至其他县（区）。疫情高峰期，全市美国白蛾年发生面积累计超过3.87万hm^2。经过多年的综合防治，到2024年全市10个县（区）均被撤销疫区。悬铃木方翅网蝽于2014年通过悬铃木苗木带入信阳市，目前各县（区）道路绿化栽植的悬铃木均有不同程度发生，年发生面积约为800 hm^2。加拿大一枝黄花于2007年在光山县、浉河区等地首次被发现，野外零星分布，数量很少，可能是作为观赏植物带入信阳市，后遗弃野外。近3年来，加拿大一枝黄花在信阳市呈扩散态势，局部块状发生，其中淮滨县、息县、平桥区发生量较大，其他县（区）有零星分布。空心莲子草、土荆芥、刺苋、豚草、凤眼莲等外来入侵植物由于入侵时间较早，已扩散至大部分县（区），发生面积未进行统计。

第六节　林业外来入侵物种防控主要措施

一、林业外来入侵物种管理措施

外来入侵物种管理是维护国家生物安全的重要举措，应当坚持风险预防、源头管控、综合治理、协同配合、公众参与的原则。任何单位和个人未经批准，不得擅自引进、释放或者丢弃外来物种。

（一）强化源头预防

因品种培育等特殊需要从境外引进林草种子苗木等外来物种的，应当依据审批权限向省级以上人民政府林业草原主管部门办理进口审批与检疫审批。首次引进的，引进单位应当就引进物种对生态环境的潜在影响进行风险分析，并向审批部门提交风险评估报

告。审批部门应当及时组织开展审查评估，经评估有入侵风险的，不允许入境。引进单位应当采取安全可靠的防范措施，加强引进物种研究、保存、种植、繁殖、运输、销毁等环节管理，防止其逃逸、扩散至野外环境。对于发生逃逸、扩散的，引进单位应当及时采取清除、捕回或其他补救措施，并及时向审批部门及所在地县级人民政府农业农村或林业草原主管部门报告。

海关应当加强对非法引进、携带、寄递、走私外来物种等违法行为进行打击。对发现的外来入侵物种以及经评估具有入侵风险的外来物种，依法进行处置。

县级以上地方人民政府林业草原主管部门应当依法加强境内跨区域调运林草种子苗木、植物产品等检疫监管，防止外来入侵物种扩散传播。农业农村部、自然资源部、生态环境部、海关总署、国家林业和草原局等主管部门依据职责分工，对可能通过气流、水流等自然途径传入我国的外来入侵物种加强动态跟踪和风险评估。对经评估具有较高入侵风险的物种采取必要措施，有关部门应当加大防范力度。

（二）建立监测与预警机制

《外来入侵物种管理办法》规定，农业农村部会同有关部门建立外来入侵物种普查制度，每 10 年组织开展一次全国普查，掌握我国外来入侵物种的种类数量、分布范围、危害程度等情况，并将普查成果纳入国土空间基础信息平台和自然资源“一张图”；建立外来入侵物种监测制度，构建全国外来入侵物种监测网络，按照职责分工布设监测站点，组织开展常态化监测；建立外来入侵物种信息发布制度，全国外来入侵物种总体情况由农业农村部商有关部门统一发布，自然资源部、生态环境部、海关总署、国家林业和草原局等主管部门依据职责权限发布本领域外来入侵物种发生情况。

县级以上地方人民政府农业农村主管部门会同有关部门按照职责分工开展本行政区域外来入侵物种监测工作。林业草原主管部门按照职责分工及时收集、汇总外来入侵物种监测信息，并报告上级主管部门。任何单位和个人不得瞒报、谎报监测信息，不得擅自发布监测信息。

省级以上人民政府农业农村、自然资源（海洋）、生态环境、林业草原等主管部门和海关应当加强外来入侵物种监测信息共享，分析研判外来入侵物种发生、扩散趋势，评估危害风险，及时发布预警预报，提出应对措施，指导开展防控。省级人民政府农业农村主管部门商有关部门统一发布本行政区域外来入侵物种情况。

（三）及时治理与修复

国家林业和草原局按照职责分工，研究制订本领域外来入侵物种防控策略措施，指导地方开展防控。县级以上地方人民政府林业草原主管部门按照职责分工，在综合考虑外来入侵物种种类、危害对象、危害程度、扩散趋势等因素的基础上，制订本行政区域外来入侵物种防控治理方案，并组织实施，及时控制或消除危害。

对外来入侵植物的治理，可根据实际情况在其苗期、开花期或结实期等生长关键时期，采取人工拔除、机械铲除、喷施绿色药剂、释放生物天敌等措施；对外来入侵病虫害的治理，应当采取选用抗病虫品种、种苗预处理、物理清除、化学灭除、生物防治等措施，有效阻止病虫害扩散蔓延；对外来入侵水生动物的治理，应当采取针对性捕捞等措施，防止其进一步扩散危害。

外来入侵物种发生区域的生态系统修复，应当因地制宜采取种植乡土植物、放流本地种等措施。

（四）严格执行法律法规

违反《外来入侵物种管理办法》规定，未经批准，擅自引进、释放或者丢弃外来物种的，依照《中华人民共和国生物安全法》第八十一条规定："违反本法规定，未经批准，擅自引进外来物种的，由县级以上人民政府有关部门根据职责分工，没收引进的外来物种，并处五万元以上二十五万元以下的罚款。违反本法规定，未经批准，擅自释放或者丢弃外来物种的，由县级以上人民政府有关部门根据职责分工，责令限期捕回、找回释放或者丢弃的外来物种，处一万元以上五万元以下的罚款。"涉嫌犯罪的，依法移送司法机关追究刑事责任。

二、信阳市林业外来入侵物种主要防控措施

当前，根据信阳市林业外来入侵物种发生情况，应坚持"外防输入、内防扩散"的策略，严格检疫执法，筑牢外来入侵物种检验检疫防线；同时，严防松材线虫、美国白蛾、加拿大一枝黄花、悬铃木方翅网蝽等外来入侵物种扩散蔓延，大面积成灾。

（1）建立完善的监测预警体系。依托现有监测网络，优化监测站（点）布局，采取日常监测、重点监测和跟踪监测相结合的方式，构建起全市外来入侵物种监测预警体系，加强对重点物种发生区和入侵高风险区域监测，做到早发现、早应对。

（2）严格外来入侵物种检疫执法。强化出入货物、运输工具、寄递物、跨境电商等渠道检疫，对发现的入侵物种及时进行除害处理。加强境内跨区域调运种子苗木、植物产品、水产苗种等检疫监管，保证从源头上阻断传播。

（3）强化外来入侵物种除治与管理。对新发现的外来入侵物种实行应急管理，包括停止进一步引种、监测和控制易受影响的地区等；同时，对风险等级高、危害性强的外来入侵物种进行定期排查，制定具体的管理措施，及时开展除治工作。

（4）加强外来入侵物种科普宣传。通过科普公益活动和电视、广播、报纸、网络宣传等形式提高公众对外来入侵物种风险性和危害性的认识，提醒人们在日常生活中注意防范与预防，避免将外来入侵物种无意间引入到森林、草原和湿地生态系统中，并将防治工作融入到日常管理中去。

三、外来物种入侵的治理建议

外来物种入侵防控事关国家粮食安全、生物安全和生态安全。近年来，外来物种入侵的危害及防治管理在我国逐渐受到重视，防治工作也取得了显著成效。我国外来物种入侵治理正稳步向规范化、法治化和科学化迈进，但仍然存在许多亟待改进的地方。2020 年颁布的《中华人民共和国生物安全法》以及 2022 年 8 月开始施行的《外来入侵

物种管理办法》,标志着外来入侵生物的治理走向了新的阶段。

(一)加快制度建设,完善治理体系

应从物种引进的生态风险评价、信息网络构建、外来物种生态风险监测、多部门合作协调机制建立、责任追究和经济赔偿机制完善等方面,加强立法和执法工作,使外来入侵物种管理工作更加系统化、法治化,减少盲目性,提高科学性。应进一步完善我国生物安全的法律法规,保证外来物种入侵的防治有法可依、有法必依。重点是完善外来物种安全性的评估体系,设立专门的外来物种评估和监管机构,对从国外引进的经济物种进行全面、科学、系统的风险分析,对潜在的外来入侵物种进行预警。

(二)做好动态监测,构建预警体系

推动建立“关口前移”的重大外来物种入侵前瞻性风险评估预警处置技术平台;构建外来入侵物种跨境溯源数据库,研究并筛选潜在重大外来入侵物种,判断并明确可能的入侵方式和路径,形成目标物种入侵动态监测预警体系;研发更高灵敏度的便携式检测产品,完善快速应急响应的现场处置技术体系,建立重大外来物种入侵风险鉴定与预警处置平台,实现从“消极被动”到“积极主动”的转变,提升前瞻性风险评估、预警与处置能力。

(三)创新检验方法,提高工作成效

创新动植物检验检疫方式方法,采取直接、经济、有效的防范手段和措施,构筑防范有害外来物种入侵的第一道防线。加强口岸检疫力度,杜绝进境人员私自夹带花卉种子、水果、观赏鱼等风险性外来生物入境。例如,深圳皇岗检验检疫局创新国门生物安全查验机制,在旅客携带物检疫查验处理流程中创新实现“查—评—处”三分离的闭环管理工作方法,有效提高了工作质量和效率。

(四)加强科学研究,坚持综合治理

应加强对外来入侵物种的科学研究,特别是对外来入侵物种的入侵和危害机制、引进外来物种环境影响评价方法、外来物种控制技术的研究,如生态系统、生境恢复技术、生物防治、低污染化学防治、生态替代、早期预警、遥感监测等综合防治方法,为外来入侵物种的防治和管理提供技术支持。创新环境友好型清除方法,力求将对入侵地生态环境的影响降至最低,最大限度地保护当地生态环境。对于已经入侵的有害物种,要秉承“绿色防治、综合治理”的理念,坚持“早发现、早铲除”,运用生物、物理和化学等综合防治方法,科学制定防治方案,充分发挥各种防治措施的优势,以达到对外来入侵物种的最佳治理效果。

(五)提高民众认识,加强安全教育

外来物种入侵的治理关乎国家安全体系,不仅需要国家大力投入,更需要民众的广泛参与。例如,鳄雀鳝事件以及一些外来物种入侵事件的发生,均是民众生物安全意识淡薄、擅自饲养以及随意放生外来生物所致。因此,增强我国民众的生物安全意识是外来入侵物种防控治理的重要手段。从宏观层面来讲,政府部门可以通过网络、电视、报纸以及新兴媒体等渠道,对社会公众进行外来物种入侵知识的科普,包括入侵物种的识别、

危害、防治方法以及典型案例宣传。对于检验检疫、生物引种等重点行业和港口、物流等重点领域的从业人员，应专门进行针对性的教育和培训。对于最有可能经常接触到入侵生物的基层农民、渔民进行不定期义务培训，加大宣传力度。

（六）加强国际合作，畅通信息渠道

外来物种控制措施具有跨国性，甚至会影响国际贸易，因此进行国际合作十分必要。当前，外来物种入侵已逐渐演变为一个涉及科技、经济、政治等诸多内容的世界性问题。在国际背景之下，我国作为面临严重生物安全问题的国家，应积极地参与生物安全事务的国际交流与合作，及时了解国际规定、动态及其他国家的有益经验。在信息化时代，各国各地区之间应加速信息流通，充分利用已有的关于外来入侵物种的信息，建立有效的外来入侵物种信息交流平台，这对预防控制外来物种入侵具有重要作用。

第二章　外来入侵物种简介及其防控

第一节　植　物

大薸

拉丁学名：*Pistia stratiotes* L.
中文别名：水浮莲、水浮萍、番浮萍、大叶莲、芙蓉莲、浮萍等。
分类地位：泽泻目（Alismatales）天南星科（Araceae）大薸属（*Pistia*）。
原 产 地：巴西。
中国分布：

山东、河南、安徽、湖北、湖南、江苏、浙江、福建、广东、海南、广西、云南、贵州、重庆、四川、西藏、台湾、香港等地有野生或栽培。信阳市平桥区、商城县、固始县等地有栽培或逃逸野生。

识别要点：

多年生水生漂浮草本植物。根生于节上，须根羽状，密集，细长而悬于水中。主茎短缩，有白色成束的须根；匍匐茎从叶腋间向四周分出。叶单生，无叶柄，聚生于极度缩短的茎上，成莲座状，叶片常因发育阶段不同而异，通常呈倒卵状楔形，先端截头状或浑圆，基部窄而厚，两面被绒毛，基部浓密；叶脉扇状伸展，背面明显隆起成折皱状。佛焰苞小，

片状大薸（马向阳　摄）

单株大薸（马向阳　摄）

白色,腋生。肉穗花序背面2/3与佛焰苞合生。果实浆果状。

生态学特性:

喜高温高湿气候,不耐寒,怕干旱,稍耐阴,能在中性或微碱性水中生长,适宜pH值6.5~7.5。喜清水、静水,流动水速快对其生长不利,缓流水域生长快。多生于河流、湖泊、池塘、水渠等水质肥沃的静水或缓流的水面中,在长江流域及以南地区可以露地越冬。

入侵危害:

在平静的淡水池塘和沟渠中极易通过匍匐茎快速繁殖,易被水流冲离栽培场所,引起扩散。其危害性主要表现为:①危害水产养殖。当大薸大量发生时,漂浮于水面,会阻碍水体中藻类正常的光合作用,导致水体溶解氧下降,造成鱼、虾、蟹等不能正常生长,甚至死亡。②危害水生生态系统。大薸腐烂后会增加水体中有机质含量,导致水体富营养化,极易暴发蓝藻,造成沉水植物、水生动物死亡甚至灭绝,严重破坏水体生态平衡。③影响河道畅通。该物种繁殖速度快,易被水流冲离栽培场所,带到湖泊、水库、河流中,大量生长会堵塞河道行洪、航道通行。2010年1月7日,大薸被列入原环境保护部、中国科学院联合发布的《中国第二批外来入侵物种名单》。2022年12月20日,大薸被列入农业农村部等六部门共同发布的《重点管理外来入侵物种名录》。

防控措施:

(1)人工防控。人工打捞是防治大薸最有效的方法。对于小面积发生区域,可采取人工打捞大薸植株,多次进行清理。

(2)物理防控。用暂时排水的方法,使大薸脱离水源,无法生存。

(3)化学防治。使用氟磺胺草醚、双氟磺草胺、异丙隆等除草剂,对大薸的生长具有较好的抑制作用。但除草剂须慎重使用,避免造成水体污染。

野胡萝卜

拉丁学名:*Daucus carota* L.

中文别名:鹤虱草、朝鲜胡萝卜、山胡萝卜等。

分类地位:伞形目(Apiales)伞形科(Apiaceae)胡萝卜属(*Daucus*)。

原 产 地:欧洲。

中国分布:

广泛分布于全国各地,尤以东北、华北和西南地区常见。信阳市各县(区)均有分布。

识别要点:

二年生草本植物。根茎为红色或紫色。茎单生,全体有白色粗硬毛。基生叶薄膜质,长圆形,二至三回羽状全裂,末回裂片线形或披针形,光滑或有糙硬毛;茎生叶近无柄,有叶鞘,末回裂片小或细长。复伞形花序,花序梗有糙硬毛;花白色,有时带淡红色。果实圆卵形,棱上有白色刺毛。

片状野胡萝卜（固始县提供）

野胡萝卜单株（马向阳　摄）

野胡萝卜花序（淮滨县提供）

野胡萝卜果实（马向阳　摄）

本种与胡萝卜（*Daucus carota* L. var.*sativa* Hoffm.）区别为：胡萝卜的根肉质，长圆锥形，粗肥，呈红色或黄色。

生态学特性：

野胡萝卜为半耐寒性植物，发芽适宜温度为 20 ~ 25 ℃，生长适宜温度为 13 ~ 23 ℃，温度过高、过低均对生长不利。喜微酸性至中性土壤，喜肥喜光，适生在肥沃、潮湿的开阔地上。常生长于山坡路旁、旷野或田间。

入侵危害：

野胡萝卜对生态环境和农业生产都具有负面影响，其危害性表现为：①破坏生态环境。它具有较强的生长能力和繁殖能力，能够迅速占据其他植物的生长空间，抑制其他植物的生长，从而影响生物多样性。②危害农业生产。它是果园、桑园、茶园以及夏、秋作物耕地的主要杂草，其化感作用会抑制生境中其他植物的生长，影响农作物的产量和质量。

防控措施：

（1）农业措施。通过轮作换茬、深耕翻土等方法减少其种子繁殖和生长。

（2）人工防控。对于零星植株或小面积发生区域，采取人工拔除、铲除等措施进行除治。

（3）化学防治。使用绿磺隆、赛克嗪等除草剂进行喷洒防治，但需慎重使用，避免造成环境污染。

藿香蓟

拉丁学名：*Ageratum conyzoides* L.

中文别名：胜红蓟、胜红菊、白花臭草、藿香菊、咸虾花、消炎草、白花草、紫花毛草等。

分类地位：菊目（Asterales）菊科（Asteraceae）藿香蓟属（*Ageratum*）。

原 产 地：中南美洲。

中国分布：

黑龙江、吉林、辽宁、北京、天津、河北、山东、山西、陕西、河南、湖北、湖南、江西、浙江、上海、江苏、安徽、福建、广东、海南、广西、云南、贵州、重庆、四川、西藏、台湾、香港、澳门等地有栽培，或归化野生分布。信阳市浉河区、潢川县、光山县、固始县、商城县、新县等县（区）有野生分布。

藿香蓟植株（马向阳 摄）

识别要点：

一年生草本植物，稍有香味，全株被毛。茎粗壮，茎枝淡红色，或上部绿色，被白色尘状短柔毛，或上部被稠密开展的长绒毛。叶对生，有时上部互生，叶片卵形或长圆形，叶缘有浅锯齿，基出三脉或不明显五出脉，两面被白色短柔毛与黄色腺点。头状花序数个在茎顶排成紧密的伞房状；小花全部为管状花，花白色或浅蓝色；总苞钟状或

藿香蓟花序1（马向阳 摄）

藿香蓟花序2（马向阳 摄）

半球形。瘦果黑褐色。

生态学特性：

喜温暖、阳光充足的环境，对土壤要求不严；不耐寒，在酷热下生长不良。常生长于山谷、林缘、河边、茶园、农田、草地、荒地、路边和村庄旁等生境。

入侵危害：

藿香蓟危害性表现为：①危害人畜。藿香蓟含氢氰酸及有毒植物碱，人或者家畜误食藿香蓟茎叶，会造成小肠充血、急性肠黏膜血管淤积等中毒现象。②危害农业。藿香蓟繁殖力强，种子产量大，且易于传播，常侵入秋田作物，与作物争水、争光、争肥，发生量大、危害重，严重影响作物生长，可危害所有夏、秋季旱地作物及果树，造成作物减产。③危害生态。藿香蓟具化感作用，能产生和释放多种化感物质，可抑制本土植物生长，常在入侵地形成优势种群，对入侵地生物多样性造成威胁。2016 年 12 月 20 日，藿香蓟被列入原环境保护部、中国科学院联合发布的《中国自然生态系统外来入侵物种名单（第四批）》。2022 年 12 月 20 日，藿香蓟被列入农业农村部等六部门共同发布的《重点管理外来入侵物种名录》。

防控措施：

（1）人工防控。在其苗期，通过人工中耕铲除。

（2）生物防治。可利用胜红蓟黄脉病毒（*Ageratum yellow vein virus*，AYVV）等开展生物防治。

（3）化学防治。发生面积较大的区域，通过喷洒除草剂进行防除。如用 36% 的草甘氯磺可溶性粉剂 300 ~ 350 g / 亩，兑水 30 ~ 40 kg，或用 41% 的农达水剂 500 g / 亩，兑水 50 kg，均匀喷雾，对藿香蓟可起到很好的防除效果。

豚草

拉丁学名：*Ambrosia artemisiifolia* L.

中文别名：普通豚草、美洲豚草、艾叶豚草、艾叶破布草、美洲艾。

分类地位：菊目（Asterales）菊科（Asteraceae）豚草属（*Ambrosia*）。

原 产 地：美国西南部和墨西哥北部的沙漠地区。

中国分布：

20 世纪 30 年代传入中国东南沿海城市。目前已扩散至黑龙江、吉林、辽宁、内蒙古、北京、天津、河北、山东、陕西、河南、湖北、湖南、江西、浙江、上海、江苏、安徽、福建、广东、广西、云南、贵州、四川、西藏、台湾、香港、澳门等地。信阳市浉河区、平桥区、固始县、光山县、新县等县（区）有分布。

识别要点：

一年生草本植物。茎直立，上部有圆锥状分枝，有棱，被疏生密糙毛。茎下部叶对生，有短叶柄，叶一至二回羽状分裂，裂片狭小，长圆形至倒披针形，全缘，有明显的中脉，

片状豚草（新县提供）

单株豚草（新县提供）

上面深绿色，被细短伏毛或近无毛，背面灰绿色，被密短糙毛；上部叶互生，无柄，羽状分裂。头状花序半球形。瘦果倒卵形，先端具喙和尖刺，藏于坚硬的总苞中。

生态学特性：

豚草具备较高的生态环境适应性，喜光、短日照，耐盐碱、耐贫瘠、耐干旱，不择土壤，常生于荒地、路边、河岸、沟旁或农田中。

入侵危害：

豚草的茎和叶释放的化感物质对禾本科、豆科、菊科植物有抑制作用，还具有极强的生命力、竞争力和生态可塑性，茎、节、根都可长出不定根，能够在入侵地迅速形成单种优势群落，侵占其他植物的生存空间、养料和水分，导致原有植物群落的衰退和消亡，破坏本土生物多样性，对生态环境造成较大威胁。其危害性表现为：①危害人类健康。花粉是人类花粉过敏症的主要致病源之一，引发过敏性皮炎和支气管哮喘等反应症，易导致有害健康的“枯草热症”，严重时会并发肺气肿、肺心病乃至死亡。②危害农业生产。豚草的根茎发达，植株高大，侵入农田，消耗土地中的水分和营养，危害农作物如玉米、大豆、麻类等，导致农作物减产甚至绝收。③释放多种化感物质，抑制和排斥农作物和本地植物的生长。④入侵性强。种子产量高，每株可产种子 300 ~ 30 000 多粒。种子具二次休眠特性，休眠期可达 40 年，这也使得豚草的防控治理工作难度非常大。种子随风飘扬 100 多千米远，可随人的鞋底、水流、交通工具、鸟类等四处传播。⑤能够传播植物病虫害，如甘蓝菌核病（*Sclerotinia scleroriorum* de Bary）、向日葵叶斑病（*Cercospora pachupus*）等。⑥如果在饲草中混入了豚草的茎叶，牛羊食用后会导致乳制品变质、产量降低等。2003 年 1 月 10 日，豚草被列入原国家环境保护总局、中国科学院联合发布的《中国第一批外来入侵物种名单》。2022 年 12 月 20 日，豚草被列入农业农村部等六部门共同发布的《重点管理外来入侵物种名录》。

防控措施：

（1）检疫措施。加强检疫管控，凡由国外进口粮食或引种，必须严格检疫，杜绝传入。若发现混有豚草的种子，应集中处理并销毁，杜绝传播。

（2）植物替代。用紫穗槐（*Amorpha fruticosa* L.）、沙棘（*Hippophae rhamnoides* L.）、多变小冠花（*Coronilla varia*）等植物进行替代控制有良好的效果。

（3）农业措施。农田中的豚草可通过秋耕和春耙进行防除。秋耕把种子埋入土中10 cm以下，豚草种子就不能萌发。春季当大量出苗时进行春耙，可消灭大部分豚草幼苗。

（4）人工防控。在开花结实之前（6 月上旬至 7 月下旬）人工连根拔除或机械铲除。

（5）生物防治。释放豚草条纹叶甲（*Zygogramma suturalis* F.）、广聚萤叶甲（*Ophraella communa*）和豚草卷蛾（*Epiblema strenuana*）等天敌昆虫，使其蚕食田间的豚草。如 5 月底前在华南、华中、华北等豚草重灾区，每亩分别释放广聚萤叶甲和豚草卷蛾各 80 头、200 头和 300 头控制豚草，天敌昆虫在释放区自然增殖 2～3 代后，豚草卷蛾可使豚草种子量降低 20%～30%，广聚萤叶甲对豚草的控制效果达 95% 以上。利用真菌防治豚草，如白锈菌（*Albugo tragopogonis*）可以控制豚草的种群规模，田间条件下染病的豚草生物量减少 10% 左右，每株种子产量降低 95%～100%。

（6）化学防治。对于路边、荒地等非农田中的豚草，可用 10% 草甘膦或 10% 草除灵或 48% 百草敌或 40% 乙烯利或 21% 氯氨吡啶酸等按要求稀释后进行喷洒控制，可有效控制豚草生长。

串叶松香草

拉丁学名：*Silphium perfoliatum* L.

中文别名：串叶草、串叶松、大叶蛋白菊。

分类地位：菊目（Asterales）菊科（Asteraceae）松香草属（*Silphium*）。

原 产 地：北美洲。

中国分布：

我国各省份都有栽培，主要分布于黑龙江、吉林、辽宁、陕西、山西、河南、江西、广东、广西、甘肃、新疆等地。信阳市光山县、潢川县有分布。

识别要点：

多年生宿根草本植物。主根肥大、粗壮，侧根多。茎四棱，多分枝，基部半木质化，幼嫩时有稀疏的白色刺毛，后光滑无毛。叶色深绿，叶片宽大，呈卵状椭圆形；叶面皱缩，叶边缘具不整齐粗锯齿，叶面及叶缘有稀疏的刚毛，基生叶有柄，茎生叶无柄，对生，两叶基部相连，茎似从中穿过。头状花序排成聚伞花序，花序似菊芋花序，花盘直径 2～3 cm，花色丰富，有红、粉、黄、白等多种颜色。瘦果扁心形，褐色，边缘有薄翅。因其茎从两叶中间贯串而出，鲜草有特异的松香味，故称串叶松香草。

片状串叶松香草（潢川县提供）

串叶松香草的花（光山县提供）

生态学特性：

适应性强，耐寒又耐热，耐旱又耐涝，耐瘠薄、耐刈割，高温 40 ℃条件下可正常生长，地下部分在 −38 ℃可安全越冬。喜温暖湿润气候，日均气温在 20 ~ 28 ℃时生长较快，在肥沃壤土、红壤、沙土、黏土上生长良好，但不喜欢盐渍土。常生长在沟坡地、撂荒地、房前屋后空闲地等生境。

入侵危害：

串叶松香草的危害性表现为：①生长周期短且容易繁殖，在田间、菜地、花园和草坪中迅速蔓延，抢占其他植物的养分和生存空间，严重影响农作物、花草的生长和美观度。②根系发达，与农作物竞争养分和水分，影响农作物的正常生长和产量。③对生态环境有负面影响。由于其生长迅速且难以控制，会占据大量的生态位，影响本地物种的生存和繁衍，破坏生态平衡。

防控措施：

（1）人工防控。通过人工拔除串叶松香草，并除去地下根部，可以有效控制其扩散。

（2）物理防控。使用颜料薄膜、草帘或厚麻袋等覆盖地面，抑制杂草生长，同时提高土壤的保水性。

白花鬼针草

拉丁学名：*Bidens alba*（L.）DC.，异名：*Bidens pilosa* var. *radiata*

中文别名：金杯银盏、金盏银盆、大花咸丰草、一包针、盲肠草。

分类地位：菊目（Asterales）菊科（Asteraceae）鬼针草属（*Bidens*）。

原 产 地：热带美洲。

中国分布：

辽宁、北京、天津、河北、山西、陕西、河南、山东、安徽、湖北、湖南、江西、江苏、上海、

片状白花鬼针草（马向阳　摄）

白花鬼针草叶片（马向阳　摄）

白花鬼针草的花（马向阳　摄）

白花鬼针草果实（马向阳　摄）

浙江、福建、广东、海南、广西、云南、贵州、重庆、四川、西藏、台湾等地均有分布。信阳市浉河区、平桥区、息县、固始县、光山县、商城县、新县等县（区）有分布。

识别要点：

一年生草本植物。茎钝四棱形，无毛或上部被极稀的柔毛。三出羽状复叶，两侧小叶椭圆形或卵状椭圆形，边缘有锯齿；上部叶小，常 3 裂或不分裂。头状花序，有花序梗；花苞表面有短绒毛，上面有倒刺，总苞基部被短绒毛，苞片 7 ~ 8 枚，条状匙形，外层托片披针形，内层条状披针形；花序边缘具舌状花 5 ~ 7 枚，舌片椭圆状倒卵形，白色，花蕊黄色；盘花筒状，冠檐 5 齿裂。瘦果黑色，条形，具棱，顶端芒刺 3 ~ 4 枚，具倒刺毛。

本种为三叶鬼针草（*Bidens pilosa* L.）的变种，与原种的主要区别为：头状花序边缘具 5 ~ 7 枚舌状花，舌片椭圆状倒卵形，白色，先端较钝或偶有缺刻。

生态学特性：

喜温暖湿润的气候条件，适应性强，耐寒、耐热，耐旱、耐湿。喜肥沃，适宜在土质疏松、排水良好且富含腐殖质的沙质或黏壤土的环境中生长。多生于村旁、路边及荒地中。

入侵危害：

白花鬼针草是我国分布较广、危害较大的外来入侵杂草之一，其危害性表现为：①威胁生态安全。白花鬼针草具有惊人的繁殖能力，适应能力强，且传播速度快，其瘦果顶端带有刺芒，容易挂在动物毛皮和人衣服上携带传播，短时间内占据大片土地，排挤原生的植物；具有强烈的化感作用，威胁乡土植物生存，危害生物多样性，破坏生态平衡。②危害农业生产。白花鬼针草容易入侵大豆、花生等农田和果园、草地等，生长优势强，耗水耗肥，造成土壤肥力下降，作物减产，对当地的农业生产造成较大的经济损失。

防控措施：

（1）人工防控。对于零星植株，在开花结实之前，采取人工拔除或者机械铲除的方式进行清除。

（2）生物防治。利用白花鬼针草的天敌昆虫和病原微生物，对其生长和繁殖进行控制。

（3）化学防治。对于白花鬼针草大面积发生地，可以使用草甘膦、辛酰溴苯腈乳油和百草枯等除草剂进行化学防除。但要慎重使用除草剂，避免造成环境污染和次生灾害。

三叶鬼针草

拉丁学名：*Bidens pilosa* L.

中文别名：鬼针草、细毛鬼针草、一包针、鬼钗草、虾钳草、蟹钳草、对叉草、粘人草等。

分类地位：菊目（Asterales）菊科（Asteraceae）鬼针草属（*Bidens*）。

原 产 地：热带美洲。

中国分布：

河北、河南、山东、安徽、湖北、湖南、江西、江苏、浙江、福建、广东、海南、广西、云南、贵州、四川、台湾、香港等地均有分布。信阳市各县（区）有分布。

识别要点：

一年生草本植物。茎直立，钝四棱形，无毛或上部被极稀疏的柔毛。叶常为三出复叶，无毛或被极稀疏的柔毛；茎下部叶较小，3 裂或不分裂，常在开花前枯萎；中部为三出复叶，小叶 3 枚，很少为具 5（～7）小叶的羽状复叶，两侧小叶椭圆形或卵状椭圆形，具短柄，边缘有锯齿；顶生小叶较大，条状披针形，边缘有锯齿，无毛或被极稀疏的短柔毛。头状花序具长梗，总苞基部被短柔毛，苞片 7～8 枚，条状匙形，干膜质，具黄色边缘。无舌状花，盘花筒状。瘦果黑色，条形，具棱，上部具稀疏瘤状突起及刚毛，顶端芒刺 3～4 枚，具倒刺毛。

片状三叶鬼针草（马向阳 摄）

生态学特性：

适应性广，耐旱、耐寒力较强，生长期长，喜生长于温暖湿润的气候区，以疏松肥沃、富含腐殖质的沙质土壤为宜。常生于村旁、路边、荒地、河岸边等生境。

入侵危害：

三叶鬼针草是旱田、果园、桑园和茶园常见杂草，对农业生产和生态环境有很大的危害。其危害性表现为：①危害农业。生长优势强，株高常高出作物，影响作物的光合作用，干扰并限制作物的生长；根系发达，吸收土壤水分和养分的能力很强，与作物争夺土壤中的水分、养分，影响作物的产量和品质。②危害生态。有较强的繁殖能力，严重破坏入侵地的生态系统和种群结构；具有化感作用，使入侵地的植物不能正常生长，能够显著降低入侵地生物多样性。2014 年 8 月 20 日，三叶鬼针草被列入原环境保护部、中国科学院联合发布的《中国外来入侵物种名单（第三批）》。2022 年 12 月 20 日，三叶鬼针草被列入农业农村部等六部门共同发布的《重点管理外来入侵物种名录》。

防控措施：

（1）农业措施。利用犁、耙、中耕机等农具，在不同时间和季节进行耕作，对三叶鬼针草有较好的杀除作用。

（2）物理防控。利用地膜覆盖，提高地膜和土表温度，烫死杂草幼苗，或抑制其生长。在盛花期利用人工拔除或机械铲除。

（3）生物防治。针对三叶鬼针草入侵后形成的植物群落，使用菟丝子寄生三叶鬼针草，可显著抑制三叶鬼针草的生长。

（4）化学防治。在大面积发生的地方，可利用草甘膦、百草枯等灭生性除草剂以及使用氯氟吡氧乙酸（使它隆）、苯达松等选择性除草剂对不同生境的三叶鬼针草进行防除。

单株三叶鬼针草（浉河区提供）

三叶鬼针草的花（马向阳　摄）

三叶鬼针草果实（马向阳　摄）

婆婆针

拉丁学名：*Bidens bipinnata* L.

中文别名：西班牙鬼针草、铁杉鬼针草、鬼针草、刺针草、鬼钗草。

分类地位：菊目（Asterales）菊科（Asteraceae）鬼针草属（*Bidens*）。

原 产 地：北美洲。

中国分布：

东北、华北、华中、华东、华南、西南及陕西、甘肃等地均有分布。信阳市浉河区、平桥区、光山县、新县等县（区）有分布。

识别要点：

一年生草本植物。茎直立，下部略具四棱，无毛或上部被稀疏柔毛。叶对生，具柄，二回羽状分裂，第一次分裂深达中肋，裂片再次羽状分裂，小裂片三角状或菱状披针形，具1~2对缺刻或深裂，顶生裂片窄，先端渐尖，边缘疏生不规则粗齿，两面均被疏柔毛。头状花序，花序梗长1~5 cm；总苞杯形，基部有柔毛，外层苞片5~7枚，被稍密的短柔毛，内层苞片膜质，椭圆形，具黄色边缘；托片狭披针形；舌状花1~3朵，舌片黄色，椭圆形或倒卵状披针形；盘花筒状，黄色，冠檐5齿裂。瘦果条形，略扁，具3~4棱，具瘤状突起及小刚毛，顶端芒刺3~4枚（少2枚），具倒刺毛。

婆婆针植株（光山县提供）

本种与其他鬼针草属植物的区别为：本种舌状花瓣1~3片，种子（鬼针）针体接近不规则三棱形。

生态学特性：

对土壤要求不严，喜湿润肥沃，又耐干旱瘠薄，适生于海拔50~300 m的耕地、田埂、山坡、荒地、路边。

入侵危害：

常入侵农田、林地、路边、废弃地、受扰动的阴湿地点，形成优势群落，排挤本地植物，破坏当地生物多样性，危害农作物，影响作物产量。

防控措施：

（1）加强监测。定期监测婆婆针的分布情况，一旦发现新的入侵点，及时采取防控措施。

（2）及时清除。发现婆婆针后，应及时清理并销毁其种子和植株，防止其扩散。

（3）化学防治。对于大面积发生区域，幼苗期使用适宜的化学除草剂进行防除。

大狼杷草

拉丁学名：*Bidens frondosa* L.

中文别名：大狼把草、大狼耙草、接力草、大花咸丰草、外国脱力草、多叶鬼针草等。

分类地位：菊目（Asterales）菊科（Asteraceae）鬼针草属（*Bidens*）。

原 产 地：北美洲。

中国分布：

1926年在江苏采到标本。现主要分布于黑龙江、吉林、辽宁、河北、北京、山东、河南、安徽、湖北、湖南、江西、江苏、上海、浙江、福建、广东、海南、广西、云南、重庆、四川、台湾等地。信阳市各县（区）均有分布。

识别要点：

一年生草本植物。茎直立，分枝，被疏毛或无毛，常带紫色。叶对生，具柄，一回羽状复叶，小叶3～5枚，披针形，先端渐尖，边缘有粗锯齿，背面被稀疏短柔毛。头状花序单生茎端和枝端。总苞钟状或半球形，外层苞片5～10枚，披针形或匙状倒披针形，叶状，边缘有缘毛；内层苞片长圆形，膜质，具淡黄色边缘。瘦果扁平，狭楔形，近无毛或糙伏毛，顶端芒刺2枚，有倒刺毛。

大狼杷草单株（浉河区提供）

大狼杷草的花（马向阳　摄）

大狼杷草果实（马向阳　摄）

大狼杷草种子（马向阳　摄）

生态学特性：

适应性强，喜温暖潮湿环境，常生长于山坡、稻田边、田埂、弃耕农田、路旁、溪边、浅水滩等地。

入侵危害：

大狼杷草是秋作物（棉花、大豆及番薯）和水稻田常见杂草。其危害性表现为：①根系发达，吸收土壤水分和养分的能力很强，若大量侵入耕地中，与农作物争夺水分、养分和阳光，降低农作物的产量和品质。②适应性强，具有较强的繁殖能力，发生量大，易形成优势群落，排挤本地植物，破坏入侵地生物多样性。③芒刺较硬，影响农事操作；除草的用工量多，增加了生产成本。2016 年 12 月 20 日，大狼杷草被列入原环境保护部、中国科学院联合发布的《中国自然生态系统外来入侵物种名单（第四批）》。

防控措施：

（1）检疫措施。对国外引进的种子必须严格执行检疫制度，杜绝外来物种传入中国及蔓延危害。加强国内检疫工作，防止外来入侵物种蔓延。

（2）农业措施。利用犁、耙、中耕机等农具，在不同时间和季节进行耕作，对其有杀除作用。合理轮作，改变其生态环境，可起到抑制和减轻其危害作用。

（3）人工防控。对于零星分布植株，结实前，采取人工拔除方式进行防除。

（4）化学防治。幼苗期，使用氯氟吡氧乙酸（使它隆）、二甲四氯、草甘膦等除草剂进行均匀喷洒，防治效果较好。但化学方法容易造成环境污染，使用时要慎重。

矢车菊

拉丁学名：*Centaurea cyanus* L.

中文别名：蓝芙蓉、车轮花、蓝花矢车菊、荔枝菊、翠蓝。

分类地位：菊目（Asterales）菊科（Asteraceae）矢车菊属（*Centaurea*）。

原 产 地：欧洲东南部地区。

中国分布：

新疆、青海、甘肃、陕西、河南、河北、山东、江苏、湖北、广东、西藏等地有栽培或逃逸野生。信阳市浉河区、光山县有分布。

识别要点：

一年或二年生草本植物。茎直立，自中部分枝，极少不分枝。全部茎枝呈灰白色，被薄蛛丝状卷毛。基生叶及下部茎叶长椭圆状倒披针形或披针形，不分裂，边缘全缘或边缘疏锯齿至大头羽状分裂。中部茎叶线形、宽线形或线状披针形。头状花序顶生，排成伞房花序或圆锥花序，边缘舌状花为漏斗状，花瓣边缘带齿状，中央花管状，花有白、红、蓝、紫等色。瘦果椭圆形，有毛；冠毛刺毛状。因花如矢向四面射出，全形如车轮辐射，故名矢车菊。

矢车菊植株（马向阳　摄）

矢车菊的花（马向阳　摄）

生态学特性：

适应性较强，喜阳光充足，较耐寒，不耐阴湿，喜凉爽气候，不耐炎热。对土壤要求不严，但喜肥沃、疏松、排水良好的沙质壤土。矢车菊为长日照性植物，冬季昼短夜长，夜间人工补光，可提前开花。

入侵危害：

矢车菊的入侵危害性表现为：①影响生态环境。矢车菊根系发达，在生长过程中，会大量消耗土壤中的养分和水分，同时能够分泌化感物质影响其他作物生长，占用其他植物的生存空间，导致其他植物生长不良，甚至死亡，从而影响农业生产、生态环境和生物多样性。②影响人体健康。矢车菊植株含有多种有毒物质，如草酸、生物碱等，如果误食，会对人体健康造成危害。

防控措施：

（1）检疫措施。在边境口岸和国际贸易中实施严格的检疫措施，防止矢车菊与其他农产品一起进入国内市场。

（2）物理防控。一旦发现矢车菊，立即进行铲除，以防止其进一步繁殖和扩散。

（3）群防群控。通过开展教育和宣传活动，增强公众防控意识，共同防控矢车菊的入侵和扩散。

剑叶金鸡菊

拉丁学名：*Coreopsis lanceolata* L.

中文别名：大金鸡菊、狭叶金鸡菊、线叶金鸡菊、剑叶波斯菊、草籽花。

分类地位：菊目（Asterales）菊科（Asteraceae）金鸡菊属（*Coreopsis*）。

原 产 地：北美洲。

中国分布：

辽宁、北京、天津、河北、陕西、河南、山东、安徽、湖北、湖南、江西、江苏、上海、浙江、福建、广西、海南、云南、贵州、重庆、四川等地有栽培或逃逸为野生杂草，在江西、安徽、江苏、浙江、山东等地扩散较严重。信阳市平桥区、浉河区、息县、光山县、新县等县（区）有栽培或逃逸野生。

识别要点：

多年生宿根草本植物。根纺锤状。茎直立，无毛或基部被软毛，上部有分枝。茎基部叶成对簇生，有长柄，叶片匙形或线状倒披针形，基部楔形，顶端钝或圆形；茎上部叶少数，全缘或三深裂，裂片长圆形或线状披针形，基部窄，顶端钝。头状花序在茎端单生，舌状花黄色，舌片倒卵形或楔形；管状花狭钟形，黄色。瘦果圆形或椭圆形，边缘有宽翅，顶端有 2 短鳞片。

片状剑叶金鸡菊（马向阳　摄）

剑叶金鸡菊的花（马向阳　摄）

生态学特性：

适应性强，对二氧化硫有较强的抗性，耐寒又耐热，耐旱但怕涝，对土壤要求不严，更适宜在排水良好的沙质壤土及阳光充足的环境中生长。

入侵危害：

剑叶金鸡菊具有很强的生长能力和繁殖能力，与农作物、草坪、林木争地，降低土壤肥力，挤占其他植物的生存空间，影响入侵地植物的多样性。

防控措施：

（1）加强管理。对可能成为入侵源的区域进行严格管理，防止剑叶金鸡菊的种子和幼苗进入新的区域；定期开展监测，做到早发现、早除治，控制其扩散蔓延。

（2）人工防控。对于零星分布的植株，在其幼苗期采取人工拔除的方式进行除治。

（3）物理防控。对于大面积分布区域，在其营养生长旺盛期，采取机械铲除的方式进行除治。适时深翻土壤可以抑制其种子萌发，可达到一定的防除效果。

（4）化学防治。幼苗期，使用适宜的除草剂进行喷洒防治，可有效控制其生长和扩散。

秋英

拉丁学名：*Cosmos bipinnatus* Cav.

中文别名：波斯菊、大波斯菊。

分类地位：菊目（Asterales）菊科（Asteraceae）秋英属（*Cosmos*）。

原 产 地：墨西哥和美国西南部。

中国分布：

东北、华北、华中、华东、华南、西南各地均有分布。信阳市浉河区、平桥区、罗山县、光山县、固始县等县（区）有栽培或逃逸野生。

识别要点：

一年生或多年生草本植物。根纺锤状，多须根，或近茎基部有不定根。茎无毛或稍被柔毛。叶二回羽状深裂，裂片线形或丝状线形。头状花序单生；花序梗长 6～18 cm。总苞片外层披针形或线状披针形，淡绿色，具深紫色条纹；内层椭圆状卵形，膜质。舌状花紫红色、粉红色或白色，舌片椭圆状倒卵形；管状花黄色。瘦果线形，黑紫色，上端具长喙，有 2～3 尖刺。

秋英（浉河区提供）

该种与黄秋英（*Cosmos sulphureus* Cav.）近似，但后者叶片深裂，裂片披针形或长圆状披针形，舌状花黄色。

生态学特性：

喜温暖和阳光充足的环境，耐干旱，忌积水，不耐寒，忌高温，耐瘠薄土壤，适宜肥沃、疏松和排水良好的土壤，常逸生于路边、荒地等处。

入侵危害：

秋英具有较强的适应性，容易繁殖，并且能够在不同的气候和土壤条件下生长，具有潜在的危害性。其入侵危害性表现为：①危害生态环境。秋英具有较强的适应能力和繁殖能力，一旦成为入侵物种，能够迅速扩散，形成单优群落，占据本地植物的生存空间，破坏当地生态系统的平衡。与本地植物竞争资源，导致本地植物种类减少甚至灭绝，从而影响生物多样性。②危害农业生产。秋英的根系分泌有毒物质，影响土壤质量，降低土地生产力；秋英入侵后，会与农作物竞争水分、养分和阳光，导致农作物减产。

防控措施：

（1）人工防控。对于零星植株或者小面积的秋英，可采取人工拔除的方式，将植株连根拔起，并集中销毁。

（2）物理防控。对于大面积发生区域，使用挖掘机、推土机等机械工具铲除秋英植株，并清理其残余部分。

（3）化学防治。幼苗期，使用草甘膦等除草剂喷洒叶片，抑制其生长和繁殖。

野茼蒿

拉丁学名：*Crassocephalum crepidioides*（Benth.）S. Moore

中文别名：野塘蒿、野地黄菊、革命菜、山野茼、安南菜等。

分类地位：菊目（Asterales）菊科（Asteraceae）野茼蒿属（*Crassocephalum*）。

原 产 地：热带非洲。

中国分布：

辽宁、北京、河南、安徽、湖北、湖南、江西、江苏、上海、浙江、福建、广东、海南、广西、云南、西藏、四川、贵州、重庆、陕西、甘肃、台湾、香港、澳门等地有分布。信阳市浉河区、平桥区、罗山县、息县、光山县、商城县、新县等县（区）有分布。

野茼蒿单株（马向阳 摄）

识别要点：

一年生直立草本植物。茎有纵条棱。叶互生，两面无毛或近无毛，膜质，椭圆形或长圆状椭圆形，顶端渐尖，基部楔形，边缘有不规则锯齿或重锯齿，或有时基部羽状裂；叶柄长 2 ~ 2.5 cm。头状花序数个在茎端排成伞房状，总苞钟状，总苞片线状披针形，小花全部管状，花冠红褐色或橙红色。瘦果狭圆柱形，赤红色，白色冠毛多数，绢毛状。

野茼蒿花序（马向阳　摄）

野茼蒿果实（马向阳　摄）

野茼蒿种子（马向阳　摄）

生态学特性：

野茼蒿对镉元素具有富集和转运作用，可以促进镉元素从沙性土壤中转移到植物体内，从而减少土壤中镉元素的浓度。适应性强，能耐干旱和贫瘠，但喜温暖、湿润、肥沃的土壤。常生长于山沟、荒地、路旁及坡地林缘的草丛中。

入侵危害：

野茼蒿的入侵危害性表现为：①适应性强，生长迅速，植株高大，与本土植物争夺阳光、水分和养分，导致本土植物生长不良，特别是在荒地、火烧迹地或采伐迹地容易迅速蔓延，严重危害本土植物的安全，破坏生态平衡。②繁殖能力极强，种子具有冠毛，可利用风力传播；种子几乎没有休眠期，成熟后即可萌发，发芽率极高。③具有一定的化感能力，常大片生长在果园、耕地和菜园里，对旱地农作物的生长造成一定的抑制作用，并与农作物争夺资源，严重影响农作物产量和品质。

防控措施：

（1）农业措施。对土壤进行深耕，可遏制野茼蒿种子的萌发和出苗。

（2）人工防控。在植株结果前，采用人工拔除、除草机割草等方法来控制。

（3）物理防控。种子的萌发需要充足的阳光，覆盖地膜可抑制其萌发。

（4）生物防治。使用野茼蒿链格孢 YTH-21 喷洒叶片，该病菌能够造成叶片枯死。

（5）化学防治。幼苗期，使用草甘膦和百草枯等除草剂进行叶面喷洒。

一年蓬

拉丁学名：*Erigeron annuus* Pers.

中文别名：白顶飞蓬、千层塔、治疟草、野蒿、女菀、白马兰、墙头草、瞌睡草、白旋覆花等。

分类地位：菊目（Asterales）菊科（Asteraceae）飞蓬属（*Erigeron*）。

原 产 地：北美洲。

中国分布：

黑龙江、吉林、辽宁、内蒙古、北京、天津、河北、山东、山西、河南、安徽、湖北、湖南、江苏、上海、浙江、江西、福建、广东、海南、广西、云南、贵州、重庆、四川、陕西、西藏、新疆、台湾等地均有分布。信阳市各县（区）均有分布，局部地块危害较严重。

识别要点：

一年生或二年生草本植物。茎直立，绿色，上部有分枝；茎下部被长硬毛，上部被上弯短硬毛。基生叶长圆形或宽卵形，基部渐狭成翼柄状，边缘具粗齿；茎生叶互生，长圆状披针形或披针形，顶端尖，边缘有少数齿或近全缘，具短柄或无柄；中部和上部叶较

片状一年蓬（光山县提供）

小，顶端尖，最上部叶呈线形；全体叶缘有短硬毛覆盖，两面被疏短硬毛。头状花序排成疏圆锥状或伞房状；总苞半球形，总苞片 3 层；外围雌花舌状，舌片线形，白色或淡蓝紫色；中央两性花管状，黄色。瘦果披针形，被疏贴柔毛。

单株一年蓬（马向阳　摄）

一年蓬花序（马向阳　摄）

一年蓬根部（淮滨县提供）

生态学特性：

具有很强的适应性，喜欢光照充足、土壤肥沃的自然环境条件，但也能在贫瘠的土地上生长，广泛分布于路边、旷野、山坡、农田和果园等多种场所。在低海拔、低纬度等地区，一年蓬表现为一年生植物，种子在早春发芽，同年开花结果；而在高海拔和高纬度等地区，一年蓬为二年生植物，秋季发芽，次年夏季开花结果。

入侵危害：

一年蓬具有强大的入侵和适应能力。1886 年在上海首次采集到一年蓬标本；1930 年以后快速扩散，现在几乎遍布我国温带和亚热带地区。它通过向环境中释放化感物质，影响本土植物生存的微环境，造成本地物种多样性降低，经济作物减产，已严重影响我国农林业的发展。其危害性表现为：①在入侵过程中，一年蓬增加土地含水量和导电率，降低土壤容重和 pH 值，改变土壤结构，增加细菌数量并抑制真菌数量。植株密度变化可能影响传粉昆虫的接触概率，使其成为本土昆虫的优选花朵，加速了一年蓬的入侵。

②繁殖能力强，扩散蔓延速度快。通过种子繁殖，每棵植株一个生长期平均产生1万～5万粒种子，种子有冠毛，可随风传播，易形成单一优势群落，排挤本土植物，破坏入侵地植物多样性。③一年蓬是红蜘蛛的越冬寄主，而红蜘蛛经常引发病虫害。④一年蓬花粉易引起部分人群花粉过敏。⑤具有化感作用，对农作物的胁迫非常明显，显著影响农作物、果树、蔬菜等生长，造成农业减产。2014年8月20日，一年蓬被列入原环境保护部、中国科学院联合发布的《中国外来入侵物种名单（第三批）》。

防控措施：

（1）物理防控。通过不同时期的翻耕将一年蓬的种子深埋，可降低其种子的发芽能力，减少其对环境的危害；刈割地上茎干，可阻碍一年蓬的繁殖生长。

（2）化学防治。使用二甲四氯、百草枯等除草剂进行防除。在入侵较为严重时，可使用恶草灵、果尔、乙氧氟草醚、草甘膦等除草剂来控制其生长。此外，施用多效唑、氯氟吡氧乙酸十二酯乳油对一年蓬也有很好的防除效果。

小蓬草

拉丁学名：*Erigeron canadensis* L.，异名：*Conyza canadensis*（L.）Cronquist

中文别名：加拿大飞蓬、飞蓬、小飞蓬、小白酒菊。

分类地位：菊目（Asterales）菊科（Asteraceae）飞蓬属（*Erigeron*）。

原 产 地：北美洲。

中国分布：

1860年在山东烟台发现。现全国各地均有分布，是我国分布最广的入侵物种之一。信阳市各县（区）均有分布，局部地块发生严重。

片状小蓬草（潢川县提供）

识别要点：

一年生草本植物。具纤维状根。茎直立，圆柱状，具纵条纹，被疏长硬毛，上部多分枝。叶互生，多且密，犹如草棚上的蓬草一般；基下部叶倒披针形，边缘具疏锯齿或全缘，常花期枯萎；中部和上部叶较小，线状披针形或线形，两面疏被短毛。头状花序多数，排列成顶生多分枝的大圆锥花序，淡绿色；花序梗细，总苞近圆柱状；总苞片2～3层，淡绿色，线状披针形或线形；雌花舌状，白色；两性花淡黄色，花冠管状。瘦果线状披针形，被贴微毛，冠毛污白色。

生态学特性：

常生长于海拔 30 ~ 200 m 的旷野、荒地、田边、河岸、路边和村庄旁等处。

入侵危害：

小蓬草危害性表现为：①该植物可产生大量瘦果，蔓延极快，对秋收作物、果园和茶园危害严重，是一种常见杂草，通过分泌化感物质抑制邻近其他植物的生长。②该植物是棉铃虫（*Helicoverpa armigera*）等害虫的中间宿主，其叶汁和捣碎的叶对皮肤有刺激作用。2014 年 8 月 20 日，小蓬草被列入原环境保护部、中国科学院联合发布的《中国外来入侵物种名单（第三批）》。2022 年 12 月 20 日，小蓬草被列入农业农村部等六部门共同发布的《重点管理外来入侵物种名录》。

小蓬草幼株（光山县提供）

防控措施：

（1）人工防控。幼苗期，采取人工拔除方法进行防除。

（2）物理防控。在结果前，使用机械进行清除，防止种子散落。

（3）化学防治。在苗期使用绿麦隆，或在早春使用 2,4-D 丁酯防除。生长旺盛期，每亩用 10% 草甘膦水剂 1 ~ 1.5 kg 兑水 40 kg 左右，定向喷雾防治。

小蓬草的茎、叶（马向阳　摄）

小蓬草花序（马向阳　摄）

春飞蓬

拉丁学名：*Erigeron philadelphicus* L.

中文别名：春一年蓬、费城小蓬草、费城飞蓬、费城雏菊、沼泽飞蓬等。

分类地位：菊目（Asterales）菊科（Asteraceae）飞蓬属（*Erigeron*）。

原 产 地：北美洲的美国、加拿大。

中国分布：

主要分布于安徽、河南、湖北、湖南、江西、江苏、福建、浙江、上海等地。信阳市浉河区、平桥区、息县、商城县、新县等县（区）有分布。

识别要点：

一年生或二年生草本植物，具纤维状根。茎直立，绿色，上部有分枝，全株被开展的长或短硬毛。单叶互生，基生叶莲座状，匙形、卵形或卵状倒披针形，基部楔形下延成具翅长柄，叶柄基部常带紫红色，两面被倒伏的硬毛，叶缘具粗齿；茎生叶半抱茎；中上部叶披针形或条状线形，基部渐狭无柄，边缘有疏齿，被硬毛。头状花序数枚，排列成伞房或圆锥状花序；总苞半球形，总苞片 3 层，披针形，淡绿色；缘花舌状，2 轮，舌片线形，平展，白色略带粉红色；管状花两性，黄色。小瘦果披针形，压扁，被疏柔毛。

本种与一年蓬（*Erigeron annuus* Pers.）的区分为：前者茎生叶基部半抱茎，花序较小，舌状花较细碎凌乱，花期 4—10 月；后者茎生叶基部不抱茎，花序稍大，舌状花较整齐，花期 6—10 月。

春飞蓬花序（马向阳　摄）

生态学特性：

生命力极强，无论是在贫瘠的沙土上还是在岩石缝隙中，都能生长开花，但喜土壤肥沃、阳光充足处，常见于路旁、旷野、山坡、果园、林缘及疏林等处密集或散生。

入侵危害：

春飞蓬危害性表现为：①适应性和繁殖能力强，能够在短时间内快速扩散，常形成单优势种群，破坏生态景观，影响生物多样性。②与本地植物争夺养分、水分、阳光等资源，对周围植物生长有抑制作用，影响本土植物的正常生长，对本地生态系统和农业生产造成显著影响。

防控措施：

（1）检疫措施。加强种子检疫，以免与作物种子混播。

（2）人工防控。对于零星分布的植株，在幼苗期采取人工拔除或者铲除的方法进行防控。

（3）物理防控。在低海拔地区，对春飞蓬的种子采用深埋措施，降低其发芽能力，减少危害。在高海拔地区，采用刈割地上茎干的措施，可以推迟春飞蓬的物候期，抑制其正常开花结实。

（4）化学防治。当春飞蓬大面积发生时，在幼苗期使用恶草灵、百草枯、果尔、草甘膦等除草剂能够很好地控制其生长。施用多效唑、20% 氯氟吡氧乙酸十二酯乳油对春飞蓬也有很好的防除效果。

苏门白酒草

拉丁学名：*Erigeron sumatrensis* Retz.，异名：*Conyza sumatrensis* (Retz.) Walker

中文别名：苏门白酒菊、苏门达腊飞蓬、宽叶飞蓬、高飞蓬等。

分类地位：菊目（Asterales）菊科（Asteraceae）飞蓬属（*Erigeron*）。

原 产 地：南美洲。

中国分布：

19 世纪中期传入我国，而后大范围扩散。现分布于山东、河南、湖北、湖南、江苏、江西、浙江、福建、广东、海南、广西、云南、贵州、重庆、四川、陕西、甘肃、西藏、台湾、香港、澳门等地。信阳市各县（区）均有分布。

识别要点：

一年生或二年生草本植物，全株灰绿色。根纺锤状，直或弯。茎直立，具纵条纹，被灰白色短糙毛，上部分枝。茎下部叶倒披针形或披针形，先端尖或渐尖，基部渐狭成柄，边缘上部具疏的粗锯齿，下部全缘；中部和上部叶较小，叶两面被短糙毛，下面短糙毛更密。头状花序多数，在茎枝端排成圆锥花序；总苞近短圆柱状；总苞片 3 层，灰绿色，线状披针形或线形，被短糙毛；花冠淡黄色或淡紫色。瘦果线状披针形，被贴微毛，冠毛初白色，后黄褐色。

苏门白酒草植株（马向阳　摄）

本种和一年蓬（*Erigeron annuus* Pers.）很相似，主要区别为：前者根纺锤形；花比后者的花小一点，在茎端排列成大而长的圆锥花序。后者根圆锥形，呈现黄棕色，有分枝；花比前者的花略微大一点，像一朵白色的小菊花。

苏门白酒草的茎、叶
（马向阳 摄）

苏门白酒草花序
（马向阳 摄）

苏门白酒草果实
（马向阳 摄）

生态学特性：

常生于山坡草地、旷野、路边、河岸和村庄旁等处，是一种常见的杂草。

入侵危害：

苏门白酒草是一种恶性杂草，其危害性表现为：①入侵性强。繁殖能力极强，一棵植株一次可结种子近万枚，种子可借冠毛随风扩散，也可经人为和交通工具携带传播，蔓延极快。②危害农业。苏门白酒草是一种常见的区域性恶性杂草，与农作物争夺阳光、养分和生长空间，对秋收作物、果园和茶园危害严重。③破坏生态。通过分泌化感物质抑制其他植物的生长，对入侵地生物多样性和生态环境构成较大威胁。④危害景观。苏门白酒草的大量繁殖与扩散，对城市及公路沿线的绿化带景观也会造成较严重的影响。2014 年 8 月 20 日，苏门白酒草被列入原环境保护部、中国科学院联合发布的《中国外来入侵物种名单（第三批）》。2022 年 12 月 20 日，苏门白酒草被列入农业农村部等六部门共同发布的《重点管理外来入侵物种名录》。

防控措施：

（1）人工防控。对于零星植株，在幼苗期，采取人工拔除方式进行防治。

（2）化学防治。在幼苗期使用绿麦隆，或在早春使用 2，4-D 丁酯进行喷洒防治。

（3）综合防治。通过人工控制、恢复本地植被、生物防治、化学防治等多种措施综合应用，达到控制其扩散蔓延的目的。

牛膝菊

拉丁学名：*Galinsoga parviflora* Cav.

中文别名：向阳花、辣子草、珍珠草、铜锤草、小米菊等。

分类地位：菊目（Asterales）菊科（Asteraceae）牛膝菊属（*Galinsoga*）。

原 产 地：南美洲。

中国分布：

1915年首次在我国云南宁蒗和四川木里被发现。目前主要分布于河南、湖北、湖南、福建、广东、海南、广西、贵州、云南、四川、西藏、台湾、香港、澳门等南部、西南部地区，北方的部分地区也能发现其踪迹。信阳市浉河区有分布。

识别要点：

一年生草本植物。茎纤细，有节，似牛膝。单叶对生，叶片卵形或长椭圆状卵形，基出三脉或不明显五出脉，叶下面脉稍突起，上面平；花序下部叶小，披针形，全部叶边有钝锯齿。头状花序呈半球形，花梗长，多数花在茎枝顶端排成疏松的伞房花序；总苞半球形，总苞片1~2层；有4~5个舌状花，舌片白色；管状花花冠黄色，下部有稠密白色短柔毛。瘦果有3~5棱，黑色或黑褐色，表面有白色微毛。

牛膝菊花序（浉河区提供）

牛膝菊根部（浉河区提供）

生态学特性：

适生范围广，对立地条件要求不高，无论是贫瘠的土壤还是肥沃的土壤，都能生长。喜潮湿、光照强度高的环境，但不耐高温，在适应的环境条件下，营养生长迅速，种子量大,易扩散,并建立大的杂草种群。能够富集土壤中的镉,因而具有修复重金属镉污染土壤的能力。常生于山坡草地、林下、河谷、荒野、溪边、农田、果园、菜园、市郊路旁或村庄宅旁等生境。

入侵危害:

牛膝菊是一种入侵性很强的植物,能对生态系统造成严重破坏。在我国,牛膝菊目前危害最严重的地区主要集中在云南、贵州、四川、福建和台湾。其入侵危害性表现为:①繁殖能力强。牛膝菊具有极高的种子产量,单株植物可以产生大量种子,种子没有休眠或休眠程度低,且种子易于传播,从而迅速扩散。②传播途径广。牛膝菊的种子小而密集,能够随风传播,且易于通过动物和人类活动扩散,这使得其在新的环境中能够快速定植和扩散。③适应能力强。牛膝菊能够适应农田、果园、路边等多种生境,其强大的竞争能力和化感作用使其能够在新环境中迅速建立种群,抑制其他植物的生长。④破坏生态系统。牛膝菊与其他植物竞争营养和生态位,抑制其他植物的种子萌发和幼苗生长,对农田和自然生态系统造成严重影响,导致农作物产量降低,影响生物多样性。⑤危害农业生产。牛膝菊具极强的繁殖能力和竞争力,大量发生时会与农作物争夺土壤水分、养分以及阳光,导致农作物生长不良,影响农作物产量和质量。

防控措施:

(1)物理防控。农作物播种时,前期种植覆盖小麦秆、碎木屑等,能显著降低牛膝菊的出苗率。

(2)生物防治。胶孢炭疽菌可作为致病因子使牛膝菊发病。在中美洲的马里兰和危地马拉的牛膝菊属植物上发现了122种昆虫和1种螨。这些昆虫一部分是植食性昆虫,一部分是传媒昆虫,其中危害最严重的是大叶蝉科和蚜科昆虫,另外一种钻茎的象鼻虫在危地马拉对牛膝菊破坏最重。牛膝菊与甘薯混种后,由于甘薯的快速生长和表型可塑性引起的竞争,能够抑制牛膝菊的生长。

(3)化学防治。在牛膝菊幼苗期可用辛酰溴苯腈、乙氧氟草醚、乙草胺等除草剂进行喷洒防治。

菊芋

拉丁学名:*Helianthus tuberosus* L.

中文别名:鬼子姜、洋姜、地姜、芋头、五星草、番羌等。

分类地位:菊目(Asterales)菊科(Asteraceae)向日葵属(*Helianthus*)。

原 产 地:美国至加拿大中部和东部。

中国分布:

各地常见栽培,逸生主要在黑龙江、吉林、辽宁、北京、河北、河南、山东、安徽、江苏、上海、浙江、江西、湖北、湖南、广西、四川、重庆、贵州、云南等地。信阳市各县(区)均有栽培或野生。

识别要点：

多年生宿根草本植物，有块状的地下茎及纤维状根。茎直立，有分枝，全株被白色短糙毛或刚毛。叶常对生，有叶柄，但上部叶互生；下部叶卵圆形或卵状椭圆形，有长柄，基部宽楔形或圆形，有时微心形，边缘具粗锯齿，离基三出脉，叶上面被白色短粗毛、下面被柔毛，背面叶脉上有短硬毛；上部叶长椭圆形至阔披针形，基部渐狭，下延成短翅状，先端渐尖，短尾状。头状花序较大，单生于枝端；总苞片多层，披针形。舌状花长披针形，舌片黄色；管状花花冠黄色。瘦果小，楔形，上端有 2～4 个有毛的锥状扁芒。

片状菊芋（马向阳　摄）

单株菊芋（马向阳　摄）

菊芋的花（马向阳　摄）

菊芋块状地下茎（马向阳　摄）

生态学特性：

菊芋具有抗旱、抗寒且繁殖速度快等特性，能够在荒漠化土地上正常生长，并具有很好的防风固沙、保持水土功能，在防沙治沙、盐碱地改良、重金属吸附、矿山植被恢复等生态修复领域具有重要的应用价值。耐寒性强，块茎在 -30 ℃的冻土层中可安全越冬，早春幼苗能忍受轻霜，秋季成叶能忍受短期 -4 ~ 5 ℃。温带 18 ~ 22 ℃，光照 12 h，有利于块茎形成。抗风沙力强，在沙漠等生态环境恶劣地区也能生长。耐瘠薄，对土壤要求不严，除酸性土壤、沼泽地不宜种植外，其他土地都可生长，野生种群最常见于受干扰的生境，例如路边、田野、草地、潮湿的河流和溪流岸以及荒地等生境。

入侵危害：

菊芋具有强大的繁殖能力和快速生长的特性，这使得它能够在没有天敌的新环境中迅速扩散，对当地生态系统造成潜在的威胁。其危害性表现为：①繁殖能力非常强，在地下以根茎的形式生长，不断地向四周扩张，并且还能够大量吸收地下的养分、水分，具有化感作用，其根茎分泌一种抑制其他植物生长的物质，严重影响其他农作物生长，破坏生态平衡。②菊芋地下茎很难清理干净，种植一次，需要几年的时间才能将它彻底地铲除。

防控措施：

（1）人工防控。在菊芋的根茎尚未完全扩散时，可以通过人工拔除的方式进行防除，减少其繁殖能力。幼苗期，通过多次人工拔除幼苗，可阻止菊芋扩散或消灭菊芋。

（2）生物防治。利用天敌或特定的生物制剂来控制菊芋的生长，减少其繁殖速度。

（3）化学防治。幼苗期，使用适宜的除草剂进行化学防除。

毒莴苣

拉丁学名：*Lactuca serriola* L.

中文别名：野莴苣、刺莴苣、山莴苣、苦莴苣、黄花莴苣、指向莴苣、阿尔泰莴苣、银齿莴苣等。

分类地位：菊目（Asterales）菊科（Asteraceae）莴苣属（*Lactuca*）。

原 产 地：欧洲、中亚。

中国分布：

新疆、吉林、辽宁、河北、河南、山东、江苏、安徽、浙江、福建、江西、湖北、湖南、广东、广西、云南、重庆、四川、陕西、甘肃、香港等地有分布。信阳市浉河区、平桥区、罗山县、息县、固始县、光山县、新县等县（区）均有分布。

识别要点：

一年生草本植物。块茎形似萝卜。茎单生，直立，茎基部带紫红色，无毛或有时有白色茎刺，上部圆锥状花序分枝或自基部分枝。中下部茎叶倒披针形或长椭圆形，倒向羽状或羽状浅裂、半裂或深裂，有时茎叶不裂，宽线形，无柄，基部箭头状抱茎，最下部茎叶及接圆锥花序下部的叶与中下部茎叶同形或披针形、线状披针形或线形；全部叶或裂片边缘有细齿或刺齿或细刺或全缘，下面沿中脉有刺毛，刺毛黄色。头状花序多数，在茎枝顶端排成圆锥状花序。总苞果期卵球形，总苞片约5层。舌状小花，黄色。瘦果倒披针形，压扁，浅褐色，上部有稀疏的短糙毛。

毒莴苣植株（平桥区提供）

毒莴苣的茎、叶（平桥区提供）

毒莴苣的花（平桥区提供）

生态学特性：

适应性强，喜欢干燥的环境，但在潮湿的耕地上也能生长。具有一定的耐寒性和耐旱性，自然生长在海拔500～1 680 m的废弃地、放牧草场、农田、果园、路旁等沙质黏土、沙壤土、淡黑钙土等地块。

入侵危害：

毒莴苣由种子进行传播，成熟的种子会借风力、水力等进行大范围扩散；也可通过农产品运输、动物皮毛携带等途径传播。毒莴苣是一种具有潜在入侵性的有毒有害植物，具有极高的危害性。其危害性表现为：①繁殖能力强。由于花数多、花期长、传粉率高，单株最高可产50 000粒种子，种子寿命可达3年以上，极大地提高了延续后代的概率。②毒性植物。毒莴苣全株有毒，混杂于蔬菜中极易引起人畜误食中毒。③入侵性强。毒莴苣是一种对水果、谷类、豆类作物和紫花苜蓿等作物危害十分严重的入侵植物，一旦侵入到农业生态系统中，抢占其他植物的水分、养分、阳光等，可危害牧场、果园以及耕地上的栽培植物，降低农作物的产量和质量，对农业生产和经济发展产生不良影响。2022 年 12 月 20 日起，毒莴苣被列入农业农村部等六部门共同发布的《重点管理外来入侵物种名录》。

防控措施：

（1）加强监测。做好毒莴苣的长期监控，以废弃地、放牧草场、农田、果园、路旁等地块为重点，定期开展普查，对发生蔓延严重区域及时发布预警信息。

（2）人工防控。6 月底至 7 月为毒莴苣的开花期，幼苗至开花前期是人工拔除防治的最佳时期，可组织人员进行拔除。

（3）化学防治。对毒莴苣发生面积广且密度大的地块，在其开花前期，针对非作地块可用 4 500 mL/hm^2 的二氯苯氧基乙酸，加 1 200 mL/hm^2 的百草枯水剂，兑水 450 kg/hm^2 进行均匀喷雾防治。

加拿大一枝黄花

拉丁学名：*Solidago canadensis* L.

中文别名：黄莺、米兰、麒麟草、幸福花。

分类地位：菊目（Asterales）菊科（Asteraceae）一枝黄花属（*Solidago*）。

原 产 地：北美洲的美国、加拿大、墨西哥。

中国分布：

目前，在浙江、上海、安徽、河南、湖北、湖南、江苏、江西、广东、广西、云南、贵州、四川、陕西等 10 多个省份扩散蔓延成了疯长的杂草。信阳市各县（区）均有发现，其中平桥区、息县、淮滨县、潢川县等县（区）局部有片状发生。

识别要点：

多年生宿根草本植物，地下具长根状茎。茎直立，高达 2.5 m，全部或仅上部被短柔毛，茎秆下部一般无分枝，常呈紫红色。叶互生，离基三出脉，披针形或线状披针形，表面

片状加拿大一枝黄花（光山县提供）

单株加拿大一枝黄花（潢川县提供）

很粗糙，边缘具锐齿。头状花序很小，在花序分枝上单面着生，多数弯曲的花序分枝与单面着生的头状花序形成开展的大型圆锥状花序。通常形成直立生长的植物群落，在叶子上方的分枝花序中开有许多黄色小花。

本种与本土植物一枝黄花（*Solidago decurrens* Lour.）很相似，两者的主要区别为：前者根状茎很发达；离基三出脉，叶片正面很粗糙；头状花序的花排列成圆锥状花序，头状花序着生于花序分枝的一侧，呈蝎尾状；瘦果全部具细柔毛。后者根状茎无或不发达；叶脉羽状，叶片正面较光滑；头状花序排列成总状或圆锥状花序，头状花序不着生于花序分枝的一侧，不呈蝎尾状；瘦果光滑，有时顶端略有疏柔毛。

加拿大一枝黄花花序（马向阳　摄）

加拿大一枝黄花根状茎（马向阳　摄）

生态学特性：

喜阳不耐阴，耐旱，耐较贫瘠的土壤，山坡荒地都能生长良好，甚至在水泥地裂缝、石缝中也能茂盛生长。但在湿度较大、水分充足的地区，往往植株较为矮小细弱，叶色偏淡。以种子和地下根茎繁殖。每年 3 月开始萌发出土，4—9 月为营养生长期，7 月初植株通常高达 1 m 以上，10 月中下旬开花，11 月底至 12 月中旬果实成熟，一棵植株可形成 2 万多粒种子，每株植株在第二年能形成一小片。常生长于城乡荒地、住宅旁、废弃地、厂区、山坡、河滩、免耕地、农田边、公路及铁路沿线、绿化地带等生境。

入侵危害：

1935 年作为观赏植物引进，20 世纪 80 年代扩散蔓延成为杂草，对我国自然生态系统和生物多样性以及农田耕地构成了巨大威胁。其危害性主要表现为：①破坏生态平衡。加拿大一枝黄花生态适应性广，繁殖能力极强，传播速度快，生长迅速，与周围植物争夺生态位，根部分泌化感物质可抑制本土其他植物发芽，导致乡土植物物种减少甚至消亡,破坏本地生态系统的稳定性和多样性。据上海植物专家统计,自20世纪80年代后加拿大一枝黄花已经导致上海地区30多种土著植物物种消亡。②影响农业生产。加拿大一枝黄花根状茎发达,与农作物争夺阳光、水分和肥料,严重消耗土壤水分、肥力,导致农作物减产甚至死亡。③危害人类健康。花期长、花粉量大,可导致花粉过敏症。④危害城市绿化。在城市公园、道路两旁等区域大量繁殖,影响城市绿化景观。2010年1月7日,加拿大一枝黄花被列入原环境保护部、中国科学院联合发布的《中国第二批外来入侵物种名单》。2022年12月20日,加拿大一枝黄花被列入农业农村部等六部门共同发布的《重点管理外来入侵物种名录》。河南、湖北、安徽等10多个省份将其列为林业有害生物补充检疫对象。

防控措施:

(1)检疫措施。做好产地检疫,重点调查荒地、绿地、宅基地、农田以及河溪两侧、公路和铁路沿线,发现疫情后,立即报告给当地有关检疫部门。做好调运检疫和复检工作,检查调运的植物和植物产品有无黏附加拿大一枝黄花的种子或根状茎;在种子扬飞季节,对来自疫情发生区的可能携带种子的载体进行检疫。

(2)农业措施。①减少耕地抛荒,遏制加拿大一枝黄花的生长和蔓延。②加拿大一枝黄花地下根茎对水分高度敏感,在水中长时间浸泡的情况下,其根茎会腐烂死亡。因此,水旱轮作是控制加拿大一枝黄花最有效的方法。③加拿大一枝黄花种子的破土能力很弱,覆盖1 cm以上的土层就能有效抑制其萌发,翻耕松土等措施可有效地抑制其发生与生长。④通过中耕将遗留在土壤中的根茎等无性繁殖器官捡除,然后集中销毁。

(3)人工防控。对零星发生或者不适宜使用化学除草剂进行防除的区域,可在加拿大一枝黄花营养生长期,组织人力将所有植株连根拔除,将地下根状茎清除干净,集中焚烧销毁。防除后要进行持续监测,如果发现再次发生,要持续进行除治。

(4)物理防控。面积较大的连片发生区,可采用割草机割除地上部分,再用旋耕机耕翻土地,并将地下根状茎清除干净,然后集中焚烧销毁。

(5)植物替代。在铲除加拿大一枝黄花后的空地上或者抛荒田上应及时种植一些生命力旺盛的有益植物,如大豆、小麦等,不给加拿大一枝黄花有"可乘之机"。如淮滨县张庄乡一块撂荒耕地上长满加拿大一枝黄花,2023年秋季耕种为小麦,到2024年6月调查时,耕地上很难见到加拿大一枝黄花植株,而耕地周边的荒地上仍有散生的植株。

(6)生物防治。利用天敌昆虫斑蝥(*Epicauta pensylvanica*)、美国牧草盲蝽[*Lygus lineolaris*(Palisot de Beauvois)]以及多种食叶的甲虫和蝉类取食加拿大一枝黄花的叶子,可控制加拿大一枝黄花的扩散。

(7)化学防治。应用除草剂防除加拿大一枝黄花的最佳时间一般在其幼苗期,选择无风或微风的晴天进行喷雾,应避免药液漂移到邻近的作物上。可使用草甘膦异丙胺盐水剂1 500~1 800 g/hm^2,或啶嘧磺隆水分散粒剂93.75~112.5 g/hm^2,或氯氟吡氧乙酸(使它隆)乳油180~210 g/hm^2,或咪唑烟酸水剂750~1 125 g/hm^2,或甲嘧磺隆可溶粉剂375~600 g/hm^2,兑水600~750 L,均匀喷施,防治效果好。但使用除草剂进行防治,易造成土壤污染。

（8）综合防治。在加拿大一枝黄花连片发生区，可采取人工拔除 + 机械防除方法，采用镰刀或割草机割除地上部分后，再使用旋耕机耕翻土地，并将地下根状茎清除干净；第二年春季长出幼苗后进行化学防除，彻底杀灭整个植株。采用人工拔除或机械防除一般应在种子成熟之前进行。若加拿大一枝黄花种子已成熟，可用枝剪剪除花序部分，装袋并进行灭活处理，以免种子散落造成扩散危害。

花叶滇苦菜

拉丁学名：*Sonchus asper*（L.）Hill，异名：*Sonchus spinosus*（synonym）

中文别名：续断菊、断续菊、花叶滇苦荬菜。

分类地位：菊目（Asterales）菊科（Asteraceae）苦苣菜属（*Sonchus*）。

原 产 地：欧洲和地中海。

中国分布：

山东、山西、陕西、河南、安徽、湖北、湖南、江西、江苏、浙江、福建、广东、广西、云南、贵州、四川、西藏、新疆、台湾等地有分布。信阳市浉河区、平桥区、罗山县等县（区）有分布。

识别要点：

一年生草本植物。根倒圆锥状，褐色，垂直直伸。茎单生或少数茎成簇生；茎直立，中空，有纵纹或纵棱；全部茎枝光滑无毛。基生叶与茎生叶同型，但较小；中下部茎叶长椭圆形、倒卵形、匙状或匙状椭圆形，基部渐狭成短或较长的翼柄，柄基耳状抱茎或基部无柄，耳状抱茎；上部茎叶披针形，不裂，基部扩大，圆耳状抱茎；或下部叶或全部茎叶羽状浅裂、半裂或深裂，侧裂片 4～5 对；全部叶及裂片与抱茎的圆耳边缘有尖齿刺，两面光滑无毛，质地薄。头状花序少数或较多在茎枝顶端排成稠密的伞房花序。总苞宽钟状；总苞片 3～4 层，向内层渐长，覆瓦状排列。舌状小花黄色。瘦果倒披针状，褐色，冠毛白色，柔软，基部连合成环。

花叶滇苦菜植株（马向阳　摄）

本种与苦苣菜（*Sonchus oleraceus* L.）的区别为：前者叶片边缘齿刺多且尖锐；后者叶片边缘有短刺、刺相对较少且温和。

花叶滇苦菜的花（马向阳　摄）

花叶滇苦菜果实（马向阳　摄）

花叶滇苦菜种子（马向阳　摄）

生态学特性：

生命力很强，对土壤要求不高，能适应多种生境，但以肥沃、排水良好的土壤为宜。常生于山坡、林缘、水边、路旁、沟旁、荒地、田边、村庄边等生境。

入侵危害：

花叶滇苦菜作为外来入侵植物，繁殖能力强，生长速度快，对生态环境和农业生产造成了很大的危害。其危害性表现为：①危害生态安全。花叶滇苦菜生长迅速，竞争力强，侵占本地物种的生存空间，导致本地物种死亡和濒危，破坏生物多样性和生态系统的稳定性。②影响农业生产。花叶滇苦菜能够迅速占据土壤资源，危害农作物生长发育，影响农林产品的产量和品质，降低农业生产的效益。③危害城市绿地、草坪，影响景观。

防控措施：

（1）人工防控。当零星植株或小面积发生时，可以在其幼苗期人工拔除或铲除植株，去除主根，以免留在土壤中的主根再次发芽。

（2）物理防控。对于大面积发生区域，在植株结果前采用除草机、割草机、挖掘机等机械将其地上部分彻底除去，或深翻土壤，将植株连根铲除，防止其繁殖。

（3）化学防治。使用氯氟吡氧乙酸（使它隆）等除草剂进行防除，但要注意使用剂量和防范对周围环境的污染。

苦苣菜

拉丁学名：*Sonchus oleraceus* L.

中文别名：滇苦荬菜、滇苦菜、苦菜、苦荬菜、拒马菜、扎库日等。

分类地位：菊目（Asterales）菊科（Asteraceae）苦苣菜属（*Sonchus*）。

原 产 地：亚洲的伊朗、伊拉克、黎巴嫩、叙利亚、阿曼、巴勒斯坦、沙特阿拉伯、土耳其、也门，以及欧洲、非洲部分国家。

中国分布：

各省份均有分布。信阳市各县（区）零星分布。

识别要点：

一年生或二年生草本植物。主根圆锥状，垂直直伸，有较多纤维状的须根。茎直立，单生，有纵条棱或条纹，不分枝或上部有短的伞房花序状或总状花序式分枝，全部茎枝光滑无毛。基生叶羽状深裂，全形长椭圆形或倒披针形，基部急狭成翼柄，柄基圆耳状抱

苦苣菜植株（马向阳　摄）

苦苣菜的茎、叶（马向阳　摄）

茎；下部茎叶或接花序分枝下方的叶基部半抱茎；全部叶或裂片边缘及抱茎小耳边缘有锯齿，两面光滑无毛。头状花序排成伞房或总状花序或单生茎顶。总苞宽钟状；总苞片3~4层，覆瓦状排列。舌状小花多数，黄色。瘦果褐色。

苦苣菜花序（马向阳　摄）

苦苣菜种子（马向阳　摄）

生态学特性：

适应性强，对土壤要求不严，耐寒、耐热、耐旱、耐瘠性均较强，但不耐盐碱，在潮湿而疏松的土壤环境下，茎叶舒展，叶色深绿，生长茂盛。在有机质含量丰富、保水保肥力强的土壤上生长良好。常生于海拔170~3 200 m的山坡或山谷林缘、林下或平地田间、沟溪河岸边等生境。

入侵危害：

苦苣菜危害性表现为：①危害生态安全。繁殖能力强，种子产量高，每一头状花序可产种子30粒，每株可产种子300~1 200粒。种子发芽率一般可达95%；种子通过风传播，迅速扩散，容易形成大面积的优势群落，影响入侵地其他植物的生长，破坏生态平衡。②危害农业生产。苦苣菜生长迅速且适应性强，常与农作物竞争养分和空间，对农业生产造成一定的威胁。

防控措施：

（1）农业措施。合理轮作和间作，避免连作，可控制其扩散。定期清理和翻耕土地，减少其繁殖机会。

（2）物理防控。通过人工拔除、覆盖等方法减少苦苣菜的生长空间。

（3）生物防治。利用特定的昆虫或微生物来控制苦苣菜的扩散。

（4）化学防治。幼苗期，使用合适的除草剂进行叶面喷洒防治。

钻叶紫菀

拉丁学名：*Symphyotrichum subulatum*（Michx.）G. L. Nesom

中文别名：钻形紫菀、美洲紫菀、窄叶紫菀、扫帚菊、青苑、紫倩、剪刀菜等。

分类地位：菊目（Asterales）菊科（Asteraceae）联毛紫菀属（*Symphyotrichum*）。

原 产 地：北美洲。

中国分布：

1827年在中国澳门发现。目前，辽宁、北京、天津、河北、山东、安徽、河南、湖北、湖南、江苏、上海、浙江、福建、江西、广东、海南、广西、云南、贵州、四川、重庆、陕西、甘肃、台湾、香港、澳门等地有分布。信阳市各县（区）均有分布。

识别要点：

一年生草本植物。主根圆柱状，向下渐狭，具多数侧根和纤维状细根。茎单一，直立，多分枝，茎和分枝具粗棱，光滑无毛，基部或下部有时带紫红色。基生叶倒披针形，在花期凋落；茎生叶披针状线形，极稀狭披针形，边缘全缘，稀有疏离的小尖头状齿，光滑无毛，中脉在背面凸起；上部叶渐狭线形；全部叶无柄。头状花序顶生，排列成疏圆锥状花序；总苞钟形，总苞片3～4层，全部总苞片绿色或先端带紫色，光滑无毛。雌花花冠舌状，淡红色、红色、紫红色或紫色；两性花花冠管状，黄色。瘦果线状，长圆形或椭圆形，冠毛淡褐色。

片状钻叶紫菀（马向阳　摄）

单株钻叶紫菀（马向阳　摄）

钻叶紫菀的花（马向阳　摄）

钻叶紫菀果实（马向阳　摄）

生态学特性：

适应性强，耐旱、耐贫瘠、耐盐碱，喜湿润和肥沃的土壤，常生于沟边、河岸、路旁、荒野、废弃地、村旁等生境。

入侵危害：

钻叶紫菀潜在的危害性较大，主要表现为：①繁殖能力较强，可产生大量瘦果，瘦果轻小，果具冠毛，随风扩散入侵，种子的扩散距离可超过 100 m；分泌化感物质可以抑制周围植物的生长和发育，入侵后极易形成单一优势群落，影响当地的生物多样性。②钻叶紫菀为一种入侵杂草，其生长耗费大量土壤营养、水分，且具有化感作用，常侵入农田，危害棉花、花生、小麦、绿豆、大豆、油菜、甘薯、水稻等农作物正常生长，造成农作物减产。③常侵入浅水湿地，影响湿地生态系统及其景观。2014 年 8 月 20 日，钻叶紫菀被列入原环境保护部、中国科学院联合发布的《中国外来入侵物种名单（第三批）》。

防控措施：

（1）检疫措施。加强粮食进口检疫和国内种子调运检疫工作，防止作物种子中夹带钻叶紫菀的种子，造成人为传播。

（2）农业措施。通过深翻土壤，使植株埋入土中腐烂分解。深埋种子能够有效地抑制种子的萌发。

（3）人工防控。对于零星植株或小面积发生的钻叶紫菀，在其开花前人工整株拔除或铲除。

（4）化学防治。幼苗期，可使用氯氟吡氧乙酸（使它隆）、二甲四氯、草甘膦等除草剂，按照说明书要求稀释后均匀喷洒在植株叶片上进行化学防除。

万寿菊

拉丁学名：*Tagetes erecta* L.

中文别名：孔雀菊、臭菊花、西番菊、蜂窝菊、小万寿菊、缎子花、臭芙蓉、红黄草、孔雀草、金菊花等。

分类地位：菊目（Asterales）菊科（Asteraceae）万寿菊属（*Tagetes*）。

原 产 地：墨西哥。

中国分布：

各地均有栽培，在广东和云南南部、东南部已归化。信阳市各县（区）栽培或逃逸野生。

识别要点：

一年生草本植物。茎直立、粗壮，具纵细条棱，分枝向上平展。叶对生或互生，羽状全裂，边缘具锐锯齿，上部叶裂片的齿端有长细芒。头状花序单生枝顶，花序梗顶端棍棒状膨大；总苞杯状，顶端具齿尖；舌状花黄色或暗橙色，基部收缩成长爪，顶端微弯缺；管状花花冠黄色，冠檐具 5 齿裂。瘦果线形，被微毛。

万寿菊（马向阳　摄）

万寿菊根部（浉河区提供）

生态学特性：

喜温暖、湿润和阳光充足的环境。充足阳光对万寿菊生长十分有利，植株矮壮，花色艳丽；阳光不足，茎叶柔软细长，开花少而小。不耐高温酷暑，植株生长适宜温度为15～25 ℃，花期适宜温度为18～20 ℃，要求生长环境的空气相对湿度在60%～70%，冬季温度不低于5 ℃。夏季高温30 ℃以上，植株徒长，茎叶松散，开花少。对土壤要求不严，但以肥沃、疏松、排水良好的沙质壤土为好。

入侵危害：

万寿菊的入侵危害性表现为：①影响生态。万寿菊具有较强的生长能力和适应性，能够在多种环境中迅速繁殖和扩散，占据其他植物的生长空间，影响本地物种的生存和多样性，导致生态系统的失衡。②影响农业。万寿菊侵入农田后，会与农作物竞争养分和水分，根系对土壤也有破坏作用，影响农作物的产量和质量。

防控措施：

（1）加强监测。建立监测预警系统，及时发现和控制万寿菊的扩散。

（2）人工防控。定期清理和拔除万寿菊植株，防止其种子传播。

（3）化学防治。使用合适的除草剂进行控制，但需注意环境保护和生态平衡。

百日菊

拉丁学名：*Zinnia elegans* Jacq，异名：*Crassina elegans*、*Crassina linearis*

中文别名：步步登高、步步高、节节高、火毡花、鱼尾菊、对叶菊、百日草等。

分类地位：菊目（Asterales）菊科（Asteraceae）百日菊属（*Zinnia*）。

原 产 地：北美洲的墨西哥。

中国分布：

全国各地广泛栽培，有时成为野生。信阳市浉河区、平桥区、罗山县、光山县、固始县、淮滨县、息县等县（区）栽培或野生。

百日菊（浉河区提供）

识别要点：

一年生草本植物。茎直立，被糙毛或长硬毛。基出三脉，叶宽卵圆形或长圆状椭圆形，基部稍心形抱茎，两面粗糙，下面被密的短糙毛。头状花序单生枝端，总苞宽钟状，总苞片多层；舌状花深红色、玫瑰色、紫堇色或白色，舌片倒卵圆形，先端2～3齿裂或全缘，上面被短毛，下面被长柔毛；管状花黄色或橙色，上面被黄褐色密茸。

生态学特性：

喜温暖、湿润、光照充足的环境，耐阴，不耐寒，怕酷暑，耐干旱，耐瘠薄，适宜在温暖湿润、光照充足、土壤深厚肥沃的环境中生长。根系较深，茎秆坚硬不易倒伏。常生于路旁、庭院、山坡、荒地等生境。

入侵危害：

百日菊若大量逸生可能会影响入侵地的生物多样性，并威胁生态安全。

防控措施：

百日菊目前在各地作为观赏花卉广泛栽培，但在引种和栽培时需加强管控，避免其大量野外逸生。

百日菊果实（马向阳 摄）

北美独行菜

拉丁学名：*Lepidium virginicum* L.

中文别名：琴叶独行菜、大叶香荠菜、野独行菜、辣椒根、星星菜等。

分类地位：白花菜目（Capparales）十字花科（Brassicaceae）独行菜属（*Lepidium*）。

原 产 地：原产北美洲，欧洲和亚洲广泛归化。

中国分布：

吉林、辽宁、内蒙古、河北、山东、河南、安徽、江苏、浙江、福建、江西、湖北、湖南、广东、海南、广西、云南、贵州、四川、台湾等地有分布。信阳市浉河区、平桥区、淮滨县、光山县、新县等县（区）有分布。

识别要点：

一年生或二年生草本植物。茎直立，被柱状腺毛，上部分枝。基生叶倒披针形，羽状分裂或大头羽裂，裂片大小不等，卵形或长圆形，边缘有锯齿，两面有短伏毛；茎生叶有短柄，倒披针形或线形，边缘有尖锯齿或全缘。总状花序顶生，萼片椭圆形，花瓣白色，倒卵形，和萼片等长或稍长。短角果近圆形，扁平，有狭翅，顶端微缺。种子卵形，光滑，红棕色，无毛，边缘有窄翅。

北美独行菜（光山县提供）

生态学特性：

适应性强，从海拔 200 m 到海拔 2 000 m 均能生长，通常生于路旁、荒地或农田中，是一种常见的、较耐旱的杂草，在旱地上发生较为严重。

入侵危害：

因其生长习性和生物学特性，对入侵地的农业生产和生态系统会造成一定的危害。其危害性表现为：①北美独行菜多生长于干燥地方、田边或荒地，通过养分竞争和空间竞争影响作物的正常生长，从而导致作物减产。②北美独行菜是棉蚜、麦蚜等害虫的寄主，也是甘蓝霜霉病、白菜病等病菌的中间寄主，有利于这些病虫害越冬，增加了这些病虫害的传播范围和速度。③植株具毒性。尽管北美独行菜的嫩茎叶在处理后可以食用，但其全株都有毒，如果大量食用，可能会引起中毒症状。

防控措施：

（1）农业措施。深翻耕地是减少农田中该种植物数量的有效方法之一，也可通过短时积水，降低它的生活力与竞争力。

（2）人工防控。对于零星分布或小面积发生的植株，可采取人工用小铲挖出的方法，连根拔除植株。

（3）化学防治。幼苗期，使用莠去津、赛克津、百草枯等除草剂喷洒防治，效果较好。

空心莲子草

拉丁学名：*Alternanthera philoxeroides*（Mart.）Griseb

中文别名：水花生、空心苋、喜旱莲子草、空心莲子菜、长梗满天星等。

分类地位：石竹目（Caryophyllales）苋科（Amaranthaceae）莲子草属（*Alternanthera*）。

原 产 地：南美洲的巴西、乌拉圭、阿根廷等国。

中国分布：

1892 年在上海附近岛屿出现，20 世纪 50 年代我国南方地区作为家畜牛、猪、羊的饲料加以推广栽培，此后逸为野生，在各地扩展为恶性杂草。目前主要生长在中国北纬 44° 以南、东经 97° 以东的海拔低且气候相对较暖湿的广大地区。信阳市各县（区）均有分布，局部地块、水域发生面积较大，危害较严重。

识别要点：

多年生宿根草本植物。茎基部匍匐，上部斜升，中空，有分枝；匍匐茎发达，节处生根，茎的节段亦可萌生成株。叶对生，有短柄，叶片长圆形至倒卵状披针形，前端急尖或圆钝，基部渐狭，上面有贴生毛，边缘有睫毛。头状花序单生于茎上部叶腋，由 10 ~ 20 朵无柄的白色小花集生组成，花梗长 1.5 ~ 3 cm；花被片披针形，花白色或略带粉红色，有光泽。

片状空心莲子草（马向阳　摄）

空心莲子草花序（马向阳 摄）

空心莲子草茎节根（商城县提供）

生态学特性：

空心莲子草适宜生长于暖湿气候地区，喜水耐旱，耐寒性强，适应范围广，水、陆均能生长，以无性繁殖为主，可利用根茎节段繁殖新植株。水生型空心莲子草在平均气温 8.5 ℃即可萌芽生长，陆生型在气温 9.5 ℃开始萌发。平均气温 10.5 ℃时空心莲子草均已普遍出苗，开始营养生长。幼苗开始有 2～4 对嫩叶，叶小，紫红色。气温逐渐升高，其生长速度剧增，平均气温 21 ℃左右迅速增长，叶面积急剧扩大，但节间数并不增多。主要分布于湖泊、池塘、河流、沼泽湿地、沟渠、稻田、旱耕地、菜园、果园、房前屋后、路旁等生境。

入侵危害：

空心莲子草为全球性入侵物种。因其在中国发生面积大，危害严重，对中国从南到北、从东到西、从热带到温带、从湿地到农田、从草原到林业的生态系统构成了极大危害。该草水、陆均可生长，表型可塑性和入侵性很强，可入侵多种生境，入侵某群落后，通常会形成大小不等的斑块状群落镶嵌体，随着入侵时间的增加，它又会通过快速的分枝使盖度不断增加，对入侵地的生物多样性、生态系统和社会经济造成很大的负面影响。其危害性主要表现为：①堵塞航道，影响水上交通。②繁殖力强，排挤其他植物，降低植物群落的稳定性，使群落物种单一化，严重破坏入侵地的生态环境和生物多样性。③覆盖水面，使水域内的高等植物灭绝，水生动物消失，水域的生态平衡遭到破坏，影响水产养殖。④发达的根系与繁茂的茎叶，危害入侵农田、菜园的农作物、蔬菜生长，造成农作物、蔬菜产量下降甚至绝收。⑤田间沟渠大量繁殖，影响农田排灌。⑥入侵公园、湿地、草坪，破坏景观，加大养护成本。⑦其植株滋生蚊蝇，且常附着有害寄生虫，危害人畜健康。2003 年 1 月 10 日，空心莲子草被列入原国家环境保护总局、中国科学院联合发布的《中国第一批外来入侵物种名单》。2022 年 12 月 20 日，空心莲子草被列入农业农村部等六部门共同发布的《重点管理外来入侵物种名录》。

防控措施：

（1）人工防控。对于小面积的发生区，可通过人工拔除、刈割、中耕除草等措施，捡净土壤中的根、茎等繁殖材料，然后集中晒干和销毁。

（2）物理防控。使用机械铲除空心莲子草，捡净其根、茎等繁殖材料，然后集中销毁。此种方法只适用于空心莲子草刚传入还没有大范围蔓延的缓慢发展时期。

（3）生物防治。空心莲子草的主要天敌昆虫有莲草直胸跳甲（*Agasicles hygrophila*）、安氏御管蓟马（*Amynothrips andersomi*）、从毛沃斑螟（*Vogtia malloi*）、阿根廷跳甲（*Disonycha argentinensis*）、虾钳菜披龟甲（*Cassida piperata* Hope）、甜菜白带野螟（*Hymenia recurvalis* Fabricius）等。已鉴定出对空心莲子草有致病力的真菌有镰孢菌属（*Fusarium*）、假隔链格孢属（*Nimbya*）、链格孢属（*Alternaria*）等 7 个属约 12 种真菌。用原产南美的专食性天敌昆虫莲草直胸跳甲防治水生型植株效果较好，但对陆生型的效果不佳。

（4）化学防治。使用氯甲丹（整形素）、氯氟吡氧乙酸（使它隆）、草甘膦等除草剂进行化学防除，短期内对地上部分有效。使用 20% 氯氟吡氧乙酸乳油 750 g/hm^2 对空心莲子草具有很好的防除效果，氯氟吡氧乙酸宜选择在空心莲子草生长茂盛期使用，茎叶量越大，越易接受药物，防除效果越显著。也可用 10% 氯甲丹乳油 1 mL/hm^2+41% 农达 1 500 ~ 3 000 mL/hm^2 进行喷洒防治。

（5）综合防控。根据空心莲子草不同的生长阶段，将化学防治、生物防治和物理防控等措施有机结合，互相协调，综合控制，同时利用各自的优势，弥补彼此的不足，可有效地根除空心莲子草的蔓延。如：将氯氟吡氧乙酸和甘草膦与莲子草假隔链格孢菌（*Nimbya alternanthera*）混用，对防除空心莲子草有增效的作用。

凹头苋

拉丁学名：*Amaranthus blitum* L.

中文别名：野苋菜、人情菜、光苋菜。

分类地位：石竹目（Caryophyllales）苋科（Amaranthaceae）苋属（*Amaranthus*）。

原 产 地：热带非洲。

中国分布：

除内蒙古、宁夏、青海和西藏外，中国其他地方均有分布。信阳市浉河区、平桥区等地零星分布。

识别要点：

一年生草本植物，全体无毛。茎伏卧而上升，从基部分枝，淡绿色或紫红色。叶片卵形或菱状卵形，顶端凹缺，有 1 芒尖，或微小不显，基部宽楔形，全缘或稍呈波状；叶柄长 1～3.5 cm。花成腋生花簇，直至下部叶的腋部，生在茎端和枝端者成直立穗状花序或圆锥花序；苞片及小苞片矩圆形，长不及 1 mm；花被片矩圆形或披针形，淡绿色。胞果扁卵形，不裂，微皱缩而近平滑，超出宿存花被片。种子黑色至黑褐色，扁平，边缘具环状边。

本种与皱果苋（*Amaranthus viridis* L.）相近，主要区别为：本种茎伏卧而上升，由基部分枝；叶柄长 1～3.5 cm，叶片稍小；花序腋生，通常在茎枝顶端的花序较为直立，呈穗状或圆锥花序；胞果微皱缩而近平滑。后者茎直立，不分枝或少数在植株中上部有分枝，分枝斜向上生长；叶柄长 3～6 cm，叶片较大；花序生在茎枝顶端，圆锥花序，有分枝，花序分枝呈穗状，细长且直立，叶腋基本没花簇；胞果扁球形，极皱缩。

凹头苋植株（马向阳　摄）

凹头苋果穗（马向阳　摄）

生态学特性：

抗逆性强，抗湿耐碱；适应性广，对土壤要求不严。种子随风、雨水或灌溉水及收获物进行传播。多生于农田、地埂、路边、荒地和湿润的地方。

入侵危害：

凹头苋是一种广泛生长于耕地、草原、果园、苗圃、菜园等地方的杂草，可危害棉花、大豆、甘薯、玉米和蔬菜等，其危害性表现为：①竞争资源。凹头苋生长快，能够迅速占据农田、果园、草地、菜园等生境，与作物竞争光照、水分和养分，导致作物减产。②危害生态。凹头苋适应性和繁殖能力强，能够形成优势种群，抑制入侵地其他植物的生长，影响入侵地生物多样性。

防控措施：

（1）农业措施。精选作物种子，剔除杂草种子；深耕土壤，及时清理田埂和边坡的凹头苋植株。

（2）物理防控。幼苗期，可以使用锄头等工具进行田间除草，或者人工拔除凹头苋植株。

（3）化学防治。苗期使用适当的除草剂进行茎叶喷雾防治。

绿穗苋

拉丁学名：*Amaranthus hybridus* L.

中文别名：繁穗苋、籽粒苋、毛野苋、西风谷、野田谷、任性菜。

分类地位：石竹目（Caryophyllales）苋科（Amaranthaceae）苋属（*Amaranthus*）。

原 产 地：美洲。

中国分布：

山东、陕西、天津、河南、安徽、江苏、浙江、福建、江西、湖南、湖北、四川、广西、重庆、贵州、台湾等地有分布。信阳市各县（区）有分布。

识别要点：

一年生草本植物。茎直立，分枝，上部近弯曲，被柔毛。叶片卵形或菱状卵形，先端急尖或微凹，具凸尖，基部楔形，边缘波状或有不明显锯齿，微粗糙，上面近无毛，下面疏生柔毛；叶柄有柔毛。圆锥花序顶生，细长，上升稍弯曲，有分枝，由穗状花序而成，中间花穗最长。胞果卵形，环状横裂，超出宿存花被片。种子近球形，黑色。

本种和反枝苋（*Amaranthus retroflexus* L.）极相近，两者区别为：前者花序较细长，上升稍弯曲；苞片较短；胞果超出宿存花被片。后者花序直径 2～4 cm，直立；苞片长 4～6 mm；胞果包在宿存花被片内。

绿穗苋植株（马向阳　摄）

生态学特性：

适应性强，耐盐碱瘠薄，在土壤含盐量 0.1%～0.23% 的中度盐渍化土壤及 pH 值 5.5～8.6 的酸性和碱性土壤上都可以生长良好；对土壤中镉元素有较强的耐性和富集能力；抗旱性强，在生长期间能忍受 30 cm 的土层含水量仅 4%～6% 的极度干旱条件；根系发达，生长迅速，枝叶繁茂，生长期长。常生长在田野、旷地或山坡。

入侵危害：

绿穗苋作为杂草，常入侵农田、园林绿地和荒地等生境，对生态环境和农业生产能造成较严重的影响。其危害性表现为：①适应性极强，耐盐碱瘠薄，抗旱性强，能够适应多种环境条件。②繁殖能力很强，通过种子繁殖，一棵植株能结出大量种子；种子细小，极易混入农作物种子中传播到其他地方。③根系发达，生长迅速，枝叶繁茂，与入侵地其他植物竞争养分和水分，影响其他植物的生长；具有化感作用，通过分泌化感物质对周围植物和生态环境造成危害，影响生物多样性，破坏生态系统平衡。

防控措施：

（1）人工防控。对于零星植株或者小面积发生区域，采取人工拔除或者铲除的方式进行防控。

（2）化学防治。对于大面积发生区域，在幼苗期可使用丙炔氟草胺、百草枯等除草剂进行叶面喷洒，有很好的防治效果。

反枝苋

拉丁学名：*Amaranthus retroflexus* L.

中文别名：西风谷、苋菜、野苋菜。

分类地位：石竹目（Caryophyllales）苋科（Amaranthaceae）苋属（*Amaranthus*）。

原 产 地：美洲。

中国分布：

黑龙江、吉林、辽宁、内蒙古、北京、天津、河北、山东、山西、河南、安徽、湖北、湖南、江西、江苏、上海、浙江、广东、海南、广西、云南、贵州、重庆、陕西、宁夏、甘肃、青海、西藏、新疆、台湾等地均有分布。信阳市各县（区）有分布。

识别要点：

一年生草本植物。茎直立，粗壮，单一或分枝，淡绿色，有时具紫色条纹，稍具钝棱，密生短柔毛。叶片菱状卵形或椭圆状卵形，顶端锐尖或尖凹，基部楔形，全缘或波状缘，

反枝苋植株（淮滨县提供）

反枝苋根部（浉河区提供）

两面及边缘有柔毛，下面毛较密。圆锥花序顶生及腋生，直立，由多数穗状花序形成，顶生花穗较侧生者长；花白色。胞果扁卵形，环状横裂，淡绿色，包裹在宿存花被片内。种子近球形，棕色或黑色。

生态学特性：

适应性强，多种立地条件都能生长，喜湿润环境，也比较耐旱；但不耐阴，在密植田或高秆作物中生长发育不好。多生于农田、菜园、路边、荒地或者住宅旁等生境。

入侵危害：

19世纪中叶发现于河北和山东，现广泛分布于中国东北、华北及沿长江流域各省份，为旱地、果园、菜园等常见杂草。反枝苋传播方式多样，可随有机肥、种子、水流、风力，甚至鸟类等进行传播。适应性极强，生长迅速，能产生大量具有生活力的种子，且种子具休眠特性和参差不齐的萌发方式，增强其适应环境能力和增加竞争优势。其危害性表现为：①危害农业。反枝苋主要危害棉花、豆类、花生、瓜类、蔬菜等多种旱作物，与农作物争夺水分、养分、阳光，抑制作物生长，造成农作物产量下降、品种降低。此外，反枝苋还是桃蚜[*Myzus persicae*（Sulzer）]、小地老虎[*Agrotis ypsilon*（Rottemberg）]、美国牧草盲蝽[*Lygus lineolaris*（Palisot de Beauvois）]、欧洲玉米螟[*Ostrinia nubilalis*（Hubner）]、黄瓜花叶病毒（CMV）等重要病虫害的田间寄主，危害农作物正常生长。②危害家畜。反枝苋在不同的生长时期和环境条件下，具有积累硝酸盐的能力，若家畜过量食用会引起中毒。2014年8月20日，反枝苋被列入原环境保护部、中国科学院联合发布的《中国外来入侵物种名单（第三批）》。

防控措施：

（1）检疫措施。加大检验检疫监管力度，对从反枝苋发生严重地区调入的作物种子进行严格的检验检疫。

（2）农业措施。农业生产上，采用高秆中耕作物与矮秆密播作物轮作，在作物生育期适时中耕除草3～4次，可较好地抑制反枝苋的发生与生长。清理农田及附近田埂、边坡的反枝苋植株，防止其扩散至农田。对于农田和果园，在播种或定植前进行20 cm深耕，将土壤表层种子翻至土壤深层，可抑制反枝苋种子出苗率。

（3）人工防控。对于零星植株或者小面积发生的区域，在幼苗期可采取人工拔除、铲除的方式进行防治。

（4）物理防控。对于发生面积大且不适宜使用化学药剂防治的反枝苋发生区域，在种子成熟前，可采用机械铲除。

（5）生物防治。幼苗期，叶面喷洒腐生真菌（*Alternaria alternate*）制剂可导致叶片坏死，植株萎蔫死亡。

（6）化学防治。幼苗期，喷洒二甲戊灵、乙草胺、烟嘧磺隆、苯达松、莠去津、异恶唑草酮、氯氟吡氧乙酸（使它隆）、2,4-D、除草醚、扑草净、利谷隆等化学除草剂，可取得很好的防治效果，但要根据作物种类选择适宜的除草剂类型和最佳防除期。

刺苋

拉丁学名：*Amaranthus spinosus* L.

中文别名：野苋菜、土苋菜、猪母刺、刺刺菜、野勒苋。

分类地位：石竹目（Caryophyllales）苋科（Amaranthaceae）苋属（*Amaranthus*）。

原 产 地：热带美洲。

中国分布：

河北、北京、山东、河南、安徽、江苏、浙江、福建、江西、湖北、湖南、广东、海南、广西、云南、贵州、重庆、四川、陕西、香港、台湾等地有分布。信阳市各县（区）零星分布。

识别要点：

一年生草本植物。茎直立，圆柱形或钝棱形，多分枝，有纵条纹，绿色或带紫色，无毛或稍有柔毛。叶片菱状卵形或卵状披针形，先端圆钝，具小凸尖，叶柄长 1 ~ 8 cm，无毛，叶柄基部两侧各有 1 刺。圆锥花序腋生及顶生；苞片在腋生花簇及顶生花穗的基部者变成尖锐直刺；花被片绿色，顶端急尖，具凸尖，中脉绿色或带紫色。胞果长圆形，包裹在宿存花被片内。

刺苋植株（马向阳 摄）

刺苋顶生花序（光山县提供）

刺苋腋生花簇及直刺（商城县提供）

刺苋根部（新县提供）

生态学特性：

适应性强，耐旱，能够在热带、亚热带和温带不同气候带以及沙质土、壤土和黏土等不同类型土壤中正常生长，中国主要分布于黄河以南地区，常生长在干燥荒地、草丛、河边、开阔地、山坡等生境。

入侵危害：

19 世纪 30 年代在中国澳门发现，现已成为中国热带、亚热带和暖温带地区的常见杂草，其危害性表现为：①刺苋具有较强的竞争力，若生长在农田中会与农作物争夺水分、养分和光热资源，导致农作物产量下降。②刺苋是一种难以控制的杂草，它的种子通过风、水、动物等方式容易广泛传播，如果不及时防控，就会对农田和园艺作物造成严重影响。③刺苋具有刺，容易刺伤人和动物的皮肤，引起疼痛和感染。此外，植株富含硝酸盐，误食可能导致家畜中毒。④刺苋的快速生长和大量繁殖可以占据生态系统中的空隙，对当地植物多样性和生态平衡构成威胁。⑤刺苋还会成为某些杂草、病虫害的传播媒介和寄主，导致农田、果园病虫害发生严重。2010 年 1 月 7 日，刺苋被列入原环境保护部、中国科学院联合发布的《中国第二批外来入侵物种名单》。2022 年 12 月 20 日，刺苋被列入农业农村部等六部门共同发布的《重点管理外来入侵物种名录》。

防控措施：

（1）农业措施。合理耕作是防控刺苋的首要措施，包括早期翻耕、深翻耕和培土等操作，可以破坏刺苋的生长环境，并减少其萌发和生长；苗期及时人工锄草，消灭刺苋幼苗；在幼龄果园或果树行距较大、地面覆盖率低的成年果园，可在行间种植生长期短、植株矮小的作物，如花生、大豆、小麦、菠菜等，覆盖地面，以减少杂草生长危害。

（2）物理防控。对于小面积和零星分布的刺苋，在其开始结籽前，使用锄头、割刀等工具将刺苋割掉，并清除根部，可起到较好的防治效果。利用农作物秸秆、地膜覆盖地面使杂草不能生长，作物秸秆覆盖压草时厚度需保持 20 cm 以上。

（3）化学防治。使用草甘膦、氟乐灵、百草枯等除草剂在农作物生长前或刺苋花期前喷洒，杀死刺苋并阻止其再生。此法见效快、省工、省时，但除草剂种类较多，必须根据杂草种类、农作物及果树品种、土壤类型和气候条件等因素，选用适宜的除草剂品种，科学操作，控制浓度，以避免发生药害。

皱果苋

拉丁学名：*Amaranthus viridis* L.

中文别名：绿苋、野苋、白苋、糠苋。

分类地位：石竹目（Caryophyllales）苋科（Amaranthaceae）苋属（*Amaranthus*）。

原 产 地：热带美洲。

中国分布：

中国绝大部分省份均有分布。信阳市各县（区）有分布。

识别要点：

一年生草本植物，全体无毛。茎直立，有不显明棱角，稍有分枝，绿色或带紫色。单叶互生，叶片卵形、卵状矩圆形或卵状椭圆形，顶端尖凹或凹缺，少数圆钝，有 1 芒尖，基部宽楔形或近截形，全缘或微呈波状缘；叶柄长 3～6 cm，绿色或带紫红色。穗状花序组成顶生圆锥状花序，圆柱形，细长，直立，顶生花穗比侧生者长，开花时，花序略带粉红色。胞果扁球形，绿色，不裂，极皱缩。种子近球形，黑色或黑褐色，具薄且锐的环状边缘。

皱果苋植株1（光山县提供）

皱果苋植株2（马向阳　摄）

生态学特性：

适应性强，耐寒、耐热、耐干旱、耐瘠薄，耐酸性土壤，也耐盐碱，但怕涝、怕霜冻。对土壤肥力消耗大，在水肥、光照充足的条件下生长旺盛。常生于海拔 600～1 600 m 的荒地、河岸、河滩、湖滨、山坡、宅旁、路旁、田园、菜地等生境。

入侵危害：

1864 年在台湾首次发现，目前已扩散到全国各地。其危害性主要表现为：①皱果苋是菜地和秋旱作物田间的杂草，危害玉米、大豆、棉花、芝麻等，影响农作物、蔬菜等产量。②抗逆性强，生长速度快，种子产量高，寿命长，传播方式多样，可伴随自然界的风力、水力以及人类或动物传播，占据了本土植物的生态位，影响生物多样性，破坏生态平衡。

防控措施：

（1）检疫措施。严把进口检疫关，防止外来有害生物入境，要谨慎引种并加强对引进外国物种的管理。

（2）人工防控。对零星分布植株，及时采取人工拔除的方法进行除治，加强发生地的监测，若出现新的植株，要及时清理。

（3）化学防治。幼苗期，选用适宜的除草剂进行叶面喷洒。这种方法容易造成环境污染和杂草抗药性，需慎重使用。

青葙

拉丁学名：*Celosia argentea* L.

中文别名：野鸡冠花、鸡冠子菜、鸡冠苋、百日红、狗尾草等。

分类地位：石竹目（Caryophyllales）苋科（Amaranthaceae）青葙属（*Celosia*）。

原 产 地：印度。

中国分布：

河北、山东、河南、安徽、江苏、浙江、福建、江西、湖北、湖南、广东、海南、广西、云南、贵州、四川、甘肃、陕西、台湾等地有分布。信阳市各县（区）有分布。

识别要点：

一年生草本植物，全株无毛。茎直立，有分枝，绿色或红色，具显明条纹。叶片矩圆披针形至披针形，绿色常带红色。穗状花序长 3～10 cm；苞片及小苞片披针形，白色；花被片矩圆状披针形，初为白色顶端带红色，或全部粉红色，后成白色；花柱紫色。胞果卵形，盖裂。种子肾状圆形，表面黑色或红黑色，光亮。

片状青葙（马向阳　摄）

单株青葙（马向阳　摄）

生态学特性：

喜温暖气候，耐热不耐寒。生长适温 25～30 ℃，20 ℃以下生长缓慢，遇霜凋萎；高于 30 ℃，长势较差，在秋季高温日照条件下易抽薹开花。对土壤要求不严，但吸肥力强，以有机质丰富、肥沃的疏松土壤生长旺盛。有一定的抗寒力和耐旱力。喜生于石灰性土壤和肥沃的沙壤土，在黏性土壤上也能生长，但速度缓慢，在低洼积水的地方容易烂根。对二氧化硫、氟化氢及氯气抗性都较强；对镉污染土壤耐性较强，且具有较强的富集性。常生于海拔 20 ~ 1 500 m 以下的田边、丘陵、山坡。

入侵危害：

青葙现已对我国环境健康与生态安全构成一定程度的危害，被我国列为一般性入侵植物。其危害性表现为：①危害农业生产。青葙生长和繁殖能力非常强，常成片生长在庄稼地，对农作物的生长造成显著负面影响，导致农作物减产。②危害生态安全。青葙根系发达，适应性强，其种子和根系能够在土壤中存活多年，一旦在入侵地扩散蔓延，会迅速扩散并形成大片的群落，影响本土植物生长，破坏入侵地生物多样性。

防控措施：

（1）人工防控。对于小面积的青葙入侵区域，在果实成熟之前可采用人工拔除的方法进行清除。

（2）化学防治。选择合适的除草剂，在幼苗期进行喷洒可有效控制青葙的扩散。

土荆芥

拉丁学名：*Dysphania ambrosioides*（L.）Mosyakin & Clemants

中文别名：臭草、杀虫芥、鹅脚草、香藜草。

分类地位：石竹目（Caryophyllales）苋科（Amaranthaceae）腺毛藜属（*Dysphania*）。

原 产 地：热带美洲。

中国分布：

1864 年，土荆芥被首次发现于中国台湾地区的台北淡水，现已广布于北京、山东、陕西、河南、湖北、湖南、江西、江苏、上海、浙江、福建、广东、海南、广西、云南、贵州、重庆、四川、台湾、香港等地。信阳市浉河区、平桥区、罗山县、固始县、光山县、商城县、新县等县（区）有分布。

土荆芥植株（新县提供）

土荆芥花序（商城县提供）

识别要点：

一年生或多年生草本植物。茎直立，多分枝，有色条及钝条棱；枝常细瘦；有毛或近无毛。叶对生，长圆状披针形至披针形，边缘具稀疏不整齐的大锯齿，具短柄，下面有散生油点，下部叶较宽大，上部叶逐渐狭小而近全缘。花生于上部叶腋；花被淡绿色。胞果扁球形。种子细小，黑色或暗红色，平滑，有光泽。茎、叶和果实均具有强烈的令人不愉快的香味。叶形似荆芥，故名土荆芥。

生态学特性：

喜阳光充足、温暖干燥气候；以肥沃疏松、排水良好的沙质壤土为最佳生长环境，常生于村旁、路边、河岸等处的荒地以及农田中。对重金属污染环境具有一定的耐受性和抗性，可用于修复被重金属污染的土壤。

入侵危害：

土荆芥具有较强的生命力，能在贫瘠的地方生长，繁殖能力强，有较好的萌发率及适于传播的特性，在大部分地方已滋生蔓延成为旱田、果园、茶园重要的有害杂草，呈现出非常迅猛的扩张态势，给入侵地的农业、园林等带来严重的影响。其危害性主要表现为：①破坏生态平衡。土荆芥含有毒的挥发油，对其他植物产生化感作用，抑制其他本土植物正常生长，破坏入侵地生态系统结构和功能，降低当地生物多样性。②危害人体健康。土荆芥花粉是人体花粉过敏源之一，能引起人类花粉过敏症；它含有毒的挥发油，被食用后会危害人体呼吸系统、神经系统等，严重时对肾脏有损害，并毒害视神经和听神经，同时抑制血管运动中枢及心肌，严重影响人体健康。2010 年 1 月 7 日，土荆芥被列入原环境保护部、中国科学院联合发布的《中国第二批外来入侵物种名单》。

防控措施：

（1）人工防控。严格执行植物检疫制度，控制土荆芥种子人为传播；土荆芥萌发生长后，及时人工拔除，防止扩散。

（2）物理防控。利用农业机械进行耕翻、耙地和中耕等，在作物生长的不同阶段对田中的土荆芥等杂草进行铲除，直接清除杂草。在处理含有杂草种子的农家肥时，需经过高温堆肥处理，以消灭其发芽能力。利用覆盖和遮光原理，例如使用深色塑料薄膜覆盖，或者在地里播种其他作物，以达到抑制杂草生长的效果。

（3）化学防治。使用百草枯等化学除草剂进行防治。

紫茉莉

拉丁学名：*Mirabilis jalapa* L.

中文别名：胭脂花、粉豆花、状元花、晚饭花、野丁香、苦丁香等。

分类地位：石竹目（Caryophyllales）紫茉莉科（Nyctaginaceae）紫茉莉属（*Mirabilis*）。

原 产 地：热带美洲地区。

中国分布：

中国各省份均有分布。信阳市各县（区）均有观赏栽培或逸为野生。

识别要点：

一年生草本植物。根肥粗，倒圆锥形，黑色或黑褐色。茎直立，圆柱形，多分枝，无毛或疏生细柔毛，节稍膨大。叶片卵形或卵状三角形，全缘，两面均无毛，脉隆起。花常数朵簇生枝端，总苞钟形，5 裂，裂片三角状卵形，花被紫红色、黄色、白色或杂色，花被筒高脚碟状，檐部5浅裂。花午后开放，有香气，次日午前凋萎。瘦果球形，黑色，表面具皱纹。种子胚乳白粉质。

片状紫茉莉（马向阳　摄）

单株紫茉莉（马向阳　摄）

紫茉莉花序（马向阳　摄）

紫茉莉果实（马向阳　摄）

生态学特性：

紫茉莉对重金属有一定程度的耐性，可修复重金属污染土壤，其对有害气体具有较强抗性，能够吸收部分有害物质。喜温和湿润的气候条件和通风良好的环境，不耐寒，冬季地上部分枯死，在江南地区地下部分可安全越冬而成为宿根草花，来年春季继续发芽长出新的植株。适宜疏松、肥沃、深厚、含腐殖质丰富的壤土或夹砂土。常生于荒地、路边、废弃的田野和铁路旁等生境。

入侵危害：

紫茉莉具有较高入侵风险，是一种对入侵地生态系统安全和生物多样性构成威胁的外来物种，其危害性表现为：①繁殖能力强，种子量大，在自然界中容易建立自我繁殖的种群；根和茎可以进行无性繁殖，且较难人工消除。②根、茎、叶中含有能抑制其他植物生长的化感物质；适应性强，生长迅速，与其他植物竞争养分，形成大面积单优群落，对区域生物多样性造成影响。

防控措施：

（1）人工防控。小面积发生区域内，可以在其花期以前铲除幼苗，拔除其地下肉质根，将其在日光下暴晒后销毁，以免其在新的环境中复活、扩散。

（2）化学防治。幼苗期，使用适当化学除草剂喷洒进行防治。

垂序商陆

拉丁学名：*Phytolacca americana* L.

中文别名：美洲商陆、美国商陆、美商陆、洋商陆、十蕊商陆、见肿消。

分类地位：石竹目（Caryophyllales）商陆科（Phytolaccaceae）商陆属（*Phytolacca*）。

原 产 地：北美洲。

中国分布：

中国将垂序商陆作为药用和观赏植物引入栽培，1935 年在杭州采到标本，1960 年以后在各地广泛逸生。目前，辽宁、北京、天津、河北、山西、山东、河南、湖北、湖南、安徽、江苏、上海、浙江、江西、福建、广东、广西、云南、贵州、重庆、四川、陕西、甘肃、新疆、台湾、香港等地有分布。信阳市各县（区）均有分布，局部新造林地块发生较严重，分布面积较大，植株密度高。

识别要点：

多年生草本植物。根粗壮，肥大，倒圆锥形。茎直立，紫红色，圆柱形。叶片椭圆状卵形或卵状披针形，先端急尖，基部楔形。总状花序顶生或侧生，花序较纤细；花白色，微带红晕。果序下垂；浆果扁球形，熟时紫黑色；种子肾圆形，表面光滑。

片状垂序商陆（马向阳　摄）

本种与商陆（*Phytolacca acinosa* Roxb.）的区别为：前者茎紫红色；总状花序顶生或侧生；果序下垂。后者茎绿色，多分枝；总状花序顶生或与叶对生，圆柱状，密生多花，直立；果序直立。

单株垂序商陆（固始县提供）

垂序商陆花序（马向阳　摄）

垂序商陆果实（马向阳　摄）

垂序商陆根部（马向阳　摄）

生态学特性：

喜温暖湿润的气候条件，耐寒，不耐涝。生长迅速，在营养条件较好时，植株高达 2 m，易形成单优群落，主茎粗度有的能达到 3.3 cm，与其他植物竞争养料。具有较为肥大的肉质直根，消耗土壤肥力；还具有抗病毒和抑菌作用，对环境中的重金属有一定的富集效果。对环境要求不严格，多生长于疏林下、路旁和荒地。

入侵危害：

经过长期的适应生长，垂序商陆已逸生为果园、菜地、农田、林地、草地等有害杂草，已侵入天然生态系统，逐渐显现出入侵性和危害性。其危害性主要表现为：①繁殖能力强。垂序商陆结实量大，每花序结种子 200 ~ 500 粒，每株结实量达 1 000 ~ 10 000 粒；种子小，易于传播，常被食果动物特别是鸟类散播。此外，肉质直根顶部可产生 10 ~ 20 个根芽，进行营养繁殖。②危害农林业生产。垂序商陆对环境适应性强，入侵公园绿地、林地、耕地、草地等，生长迅速，消耗土壤肥力，与其他植物竞争养料、水分、阳光，给农林业生产造成较严重的影响。③威胁生态安全。垂序商陆茎具有一定的蔓性，叶片宽阔，能覆盖其他植物体，导致其他植物生长不良甚至死亡，破坏入侵地生态系统平衡。④危害人畜健康。垂序商陆的根及浆果对人和牲畜有毒害作用。2016 年 12 月 20 日，垂序商陆被列入原环境保护部、中国科学院联合发布的《中国自然生态系统外来入侵物种名单（第四批）》。2022 年 12 月 20 日，垂序商陆被列入农业农村部等六部门共同发布的《重点管理外来入侵物种名录》。

防控措施：

（1）检疫措施。农林等相关部门应加强对垂序商陆根、种子的检疫；要严格限制垂序商陆的引种栽培，做好外来物种引种的把关。

（2）人工防控。幼苗期，组织人工带根拔除，拔出后整株晒干，最好烧毁；对于成熟植株，要在果实成熟前割除果序，防止因成熟果实被鸟类取食而蔓延，同时，对于肉质根要挖出晒干烧毁。

（3）群防群控。对基层工作人员进行垂序商陆识别特征和防治方法的培训，对群众宣传和普及有关垂序商陆的相关知识，增强全社会的防范意识。

斑地锦

拉丁学名：*Euphorbia maculata* L.，异名：*Euphorbia supina*、*Chamaesyce maculata*、*Chamaesyce supina*

中文别名：斑地锦草、大地锦、美洲地锦、紫斑地锦、紫叶地锦、铺地锦等。

分类地位：大戟目（Euphorbiales）大戟科（Euphorbiaceae）大戟属（*Euphorbia*）。

原 产 地：北美洲。

中国分布：

黑龙江、吉林、辽宁、内蒙古、北京、河北、山东、山西、河南、安徽、湖北、湖南、江西、江苏、上海、浙江、福建、广东、广西、贵州、重庆、四川、陕西、宁夏、新疆、台湾等地均有分布。信阳市浉河区、平桥区、息县、光山县、新县等县（区）有分布。

识别要点：

一年生草本植物。茎匍匐，柔细弯曲，被白色疏柔毛，断茎上有白色乳汁。叶对生，长椭圆形至肾状长圆形，边缘中部以下全缘，中部以上常具细锯齿；叶面绿色，中部常有一个长圆形的紫色斑点，叶背淡绿色或灰绿色；叶柄极短。花序单生于叶腋，基部具短柄；总苞狭杯状，外部具白疏柔毛，边缘5枚三角状圆形裂片。蒴果三角状卵形，被稀疏柔毛。种子卵状四棱形，灰色或灰棕色。

本种与本土植物地锦草（*Euphorbia humifusa* Willd. ex Schltdl.）的区别为：前者茎匍匐；叶片长椭圆形，叶面中间有一紫色斑点，叶背通常被绒毛；种子卵形且具角棱。后者茎匍匐或半直立；叶片长圆形且通常无绒毛；种子卵形但无角棱。

斑地锦（息县提供）

斑地锦花序及叶片（马向阳　摄）

生态学特性：

适应性强，在中国分布的气温跨度从北部内蒙古的年平均气温5.0 ℃到南部广东的年平均气温22.1 ℃；年降水量跨度从台湾的2 515.0 mm到新疆的138.8 mm，各种生态类型都有其分布。常生长于平原或低山区的荒地、田间、苗圃、人工草坪、菜地、沙滩、山坡、路旁和住宅旁等生境。

入侵危害：

斑地锦因其强大的生长能力和生态竞争力，对生态环境、农田生态系统、草地和人畜健康等都有显著的负面影响和危害。其危害性表现为：①危害生态安全。它与入侵地物种竞争生态位，使本地植物失去生存空间；释放化感物质抑制入侵地植物的生长，从而形成大面积单优群落，降低入侵地的生物多样性，严重破坏入侵地的生态环境。②危害农业生产。生态适应能力强，为农作物、苗圃、菜地、草坪等杂草，与农作物、蔬菜、草坪等争夺水、肥、光等资源，影响农作物等植物正常生长，导致产量下降和品质降低。③危害人畜健康。斑地锦属于有毒植物，全草有毒，白色汁液对人体、牲畜皮肤、黏膜有强烈刺激作用，可引起皮肤发炎。

防控措施：

（1）农业措施。幼苗期，采用机械耕作进行防控，具有较好的防除效果。

（2）人工防控。在斑地锦植株进入结实期前进行人工拔除。

（3）植物替代。在裸地和间隙裸地、路边和宅旁等植被少的地方，及时种植草坪、林木和花卉等有经济价值或生态价值的本土植被，防止斑地锦乘虚而入。

（4）化学防治。对于大面积发生的地块，可采取在幼苗期喷洒草甘膦等除草剂进行防治。但化学防治有污染环境、杀灭许多本地生物等缺点，应谨慎使用。

紫穗槐

拉丁学名：*Amorpha fruticosa* L.

中文别名：槐树、紫槐、棉槐、紫翠槐等。

分类地位：豆目（Fabales）豆科（Fabaceae）紫穗槐属（*Amorpha*）。

原 产 地：美国东北部和东南部。

中国分布：

20 世纪初作为观赏树引种上海。现中国东北、华北、华中、西北和长江流域地区等省份均有栽培或逃逸野生。信阳市各县（区）均有分布。

识别要点：

落叶灌木，丛生。小枝灰褐色，嫩枝密被短柔毛，后变无毛。叶互生，奇数羽状复叶，小叶卵形或椭圆形，先端圆形，基部宽楔形或圆形，上面无毛或被疏毛，下面有白色短柔毛，具黑色腺点。穗状花序顶生或生于枝条上部叶腋，密被短柔毛，花冠蓝紫色。荚果长圆形，下垂，微弯曲，成熟时棕褐色，表面有凸起的疣状腺点。因其穗状花序集生于枝顶和枝条上部的叶腋，花冠蓝紫色，故名“紫穗槐”。

紫穗槐植株（马向阳 摄）

紫穗槐花序（光山县提供）

生态学特性：

适应性强，耐寒冷、耐干旱、耐水淹、耐瘠薄，抗病虫，能在降水量 200 mm 左右地区生长；耐轻度盐碱，是盐碱地绿化的先锋树种。抗风力强，生长快，生长期长，枝叶繁密，是防风林带紧密种植结构的首选树种。喜干冷气候，在年均气温 10 ～16 ℃、年降水量 500～700 mm 的华北地区生长最好。萌蘖性强，根系广，侧根多，生长快。具有根瘤菌，可固定空气中的氮素，改土作用强；易郁闭，截留降雨能力强，是保持水土的优良植物材料。在荒山坡、道路旁、河岸、盐碱地、沙地均可生长。

入侵危害：

紫穗槐的危害性表现为：①快速繁殖和高密度种植，会吸收大量的水分和营养物质，会影响当地其他植物的正常生长，排挤本地物种，减少当地生物多样性，对当地的生态系统造成潜在的威胁。②排放大量的挥发性有机物和氮化物，对大气环境和空气质量有一定的影响。③紫穗槐还吸引一种原产于美洲的有害入侵生物——紫穗槐豆象（*Acanthoscelides pallidipennis* Motschulsky），进一步加剧了紫穗槐豆象的入侵性。④其开花期较为集中，会释放大量的花粉，对人的呼吸系统产生不良影响。

防控措施：

（1）加强管控。在种植紫穗槐时，应该注意合理利用和管理，避免对环境和生态造成不良的影响。

（2）生态修复。在紫穗槐危害较严重的地块进行适当的生态修复，恢复其生态平衡，增加物种多样性。

（3）物理防控。采取砍伐、锄除等方式进行清除，地上部分清理后，地下根系需清除干净，避免其根再次萌发新的植株。

（4）化学防治。选择适宜的除草剂进行防治。

（5）综合治理。采取机械割除、人工拔除、化学防治和生物防控等方式，综合控制紫穗槐的繁殖，并逐步消除现有的植株。

紫苜蓿

拉丁学名：*Medicago sativa* L.

中文别名：三叶草、草头、蓿草、苜蓿、苜蓿花、紫花苜蓿等。

分类地位：豆目（Fabales）豆科（Fabaceae）苜蓿属（*Medicago*）。

原 产 地：土耳其、亚美尼亚、伊朗、阿塞拜疆等地。

中国分布：

全国各地都有栽培或呈半野生状态。信阳市浉河区、平桥区、罗山县、光山县等县（区）有分布。

识别要点：

多年生草本植物。茎直立、丛生或斜升，呈四棱形，多分枝。羽状三出复叶；托叶较大，卵状披针形，小叶片呈倒卵状长圆形，先端钝或圆，具小刺尖，基部楔形，叶缘上部有锯齿，中下部全缘，上面无毛或近无毛，下面疏生柔毛。总状花序，腋生；花萼钟形，花冠淡黄、深蓝或暗紫色。果实螺旋形，熟时呈棕褐色。种子肾形，小而平滑，黄色或棕色。

紫苜蓿花序、叶片（光山县提供）

生态学特性：

喜温暖、多晴少雨和半湿润到半干旱的气候，抗寒性强，耐干旱、耐瘠薄。适应性广，具有较强的再生、抗风沙和耐盐碱能力，多分布于长江以北地区，排水良好的中性土壤生长更佳。主根发达粗壮，深入土壤 2 m 多；侧根多，根状茎发达。根系有根瘤，由苜蓿根瘤菌入侵形成，共生固氮，可起到改良土壤、增加土壤肥力的作用。多生于田边、路旁、旷野、草原、河岸及沟谷等生境。

入侵危害：

紫苜蓿的危害性表现为：①危害农业生产。紫苜蓿为旱地杂草，它能够迅速生长并占据大量空间，导致其他植物无法获得足够的阳光和营养，影响农作物和果园的产量和品质。②破坏生态平衡。紫苜蓿通过种子繁殖，快速扩散，形成大面积的单一植物群落，迅速覆盖地面并抑制其他植物的生长，对本土植物正常生长造成危害，破坏本土生物多样性。

防控措施：

（1）合理利用。在农业和牧业方面，应合理规划种植区域，避免在生态环境脆弱区域种植紫苜蓿。加强农田和牧场的管理，控制紫苜蓿的生长速度和范围，利用紫苜蓿的资源优势，发展绿色畜牧业和生态农业，实现经济效益和生态效益的双赢。

（2）加强监测。在生态保护方面，应加强对紫苜蓿的监测和预警，及时发现并处理可能出现的入侵现象。

刺槐

拉丁学名：*Robinia pseudoacacia* L.

中文别名：洋槐、槐花、伞形洋槐、塔形洋槐。

分类地位：豆目（Fabales）豆科（Fabaceae）刺槐属（*Robinia*）。

原 产 地：北美洲。

中国分布：

我国于19世纪末引入青岛栽培，现新疆、甘肃、青海、内蒙古、山西、陕西、河北、河南、山东、安徽等28个省（区、市）均有栽培或逸为野生。信阳市各县（区）栽培或逸为野生。

识别要点：

落叶乔木。树皮灰褐色至黑褐色，具纵裂纹，稀光滑。小枝灰褐色，幼时有棱脊，微被毛，后无毛。羽状复叶，叶基部有一对托叶刺，小叶常对生，椭圆形、长椭圆形或卵形，基部圆至阔楔形，全缘，上面绿色，下面灰绿色，幼时被短柔毛，后变无毛；小托叶针芒状。总状花序腋生，下垂；花序轴呈深黄色；花萼斜钟形，宿存；花冠白色，有香味。荚果线状长圆形，褐色或具红褐色斑纹。种子褐色至黑褐色，近肾形，种脐圆形。

片状刺槐（马向阳　摄）

刺槐植株（马向阳　摄）

刺槐的茎、托叶刺（光山县提供）

生态学特性：

刺槐为温带强阳性树种。喜干燥，耐寒，耐旱，但不耐涝，水淹后会黄叶、落叶甚至死亡。在年平均气温 8～14 ℃、年降水量 500～900 mm 的地方生长良好；喜土层深厚、肥沃、疏松、湿润的壤土、沙质壤土、沙土或黏壤土，在中性土、酸性土、含盐量在 0.3% 以下的盐碱性土上也能正常生长。生长快，萌芽力和根蘖性都很强，自然更新能力强。浅根系，抗风性差，易风倒、风折、倾斜或偏冠。抗烟尘力强。

入侵危害：

刺槐虽具有许多用途，并在某些情况下可以与乡土树种和谐共存，但其潜在的生态风险不容忽视。其入侵危害性表现为：①根蘖性很强，根部每隔一段距离就会长出不定芽，伸出地面形成小植株，尤其是当树干被砍伐或根部受伤后，更会刺激根部萌发出很多小植株。②生长速度快，扩散能力强，容易占据其他植被的空间，导致生态系统失衡。③果园周边若种植刺槐，极易吸引蚜虫类、椿象类等害虫吸食果树的嫩枝和叶柄、花以及果实的汁液，会导致果树的叶片干枯凋落，果实变形，分泌出的鞣酸类物质对多数果树的生长都有较大的抑制作用，可导致果树大幅减产，影响果实质量。④刺槐花粉会对敏感人群的呼吸系统造成影响。

防控措施：

（1）人工防控。加强监测，一旦发现刺槐的嫩芽或幼苗，应立即清除；幼苗期，可通过人工拔除减少其数量，防止其长为成熟的植株。

（2）物理防控。对于成熟植株，借助机械设备进行砍伐，并注重土壤修复。

（3）生物防治。利用天敌或病原体来控制刺槐的生长。

（4）化学防治。使用除草剂杀灭刺槐，但需注意操作安全及对环境的潜在影响。

田菁

拉丁学名：*Sesbania cannabina*（Retz.）Pers.

中文别名：向天蜈蚣、碱青、涝豆、海松柏、田菁麻、野豌豆、田槐等。

分类地位：豆目（Fabales）豆科（Fabaceae）田菁属（*Sesbania*）。

原 产 地：大洋洲至太平洋岛屿。

中国分布：

吉林、辽宁、内蒙古、北京、天津、河北、山东、山西、陕西、河南、安徽、湖北、湖南、江苏、浙江、上海、福建、江西、广东、海南、广西、云南、贵州、四川、重庆、台湾等地均有分布。信阳市浉河区、光山县、息县等县（区）有分布。

片状田菁（浉河区提供）

识别要点：

一年生亚灌木状草本植物。茎绿色，有时带褐红色，微被白粉，茎干中空。羽状复叶，小叶对生或近对生，线状长圆形，先端钝或平截，两侧不对称。花枝疏生白色绢毛，花枝、叶轴、花序轴均无皮刺。总状花序，花萼斜钟状，花冠黄色。荚果细长，长圆柱形，微弯，外面具黑褐色斑纹。种子黑褐色，有光泽，短圆柱形。

生态学特性：

适应性强，耐盐、耐涝、耐瘠、耐旱、抵抗病虫及风的能力强，在土壤含盐量0.3%的盐土或pH值9.5的碱地上都能生长。喜温暖、湿润的环境，通常生长在水田、水沟等潮湿低地。根系发达，可富集深层土壤中的多种养分，如氮、磷、钾、微量元素，且耐盐性较强，是改良盐碱土的先锋作物。田菁的根瘤菌可固定空气中的氮素，增加土壤中的氮素，可用作肥料。

入侵危害：

田菁的快速生长和繁殖，以及其能够抑制其他植物的生长，导致其在澳大利亚各地广泛占据生态空间，对当地生态系统造成了严重破坏。中国是世界上田菁入侵第二严重的国家，我国已将田菁列为一级恶性入侵植物，对我国的生态环境和农业资源造成了严重危害。其危害性表现为：①具有极强的生长和繁殖能力，使其具有强大的竞争优势，容易占据并破坏入侵地其他植物的生存空间。根系富含有机物质，并能够吸收大量氮、磷等营养元素，导致土壤肥力下降，影响周围植被的正常生长。②具有抗旱、耐盐的特性，能够适应不良的土壤条件，进一步加剧了其入侵能力。它可以在河岸、湖泊、湿地、大田、荒漠等多种生境中繁殖和扩散，给当地的生态系统稳定性和多样性带来严重威胁。

防控措施：

（1）物理防控。对入侵程度较轻的区域，可通过人工或机械将田菁植株连根拔除，防止其再次生长。

（2）化学防治。利用专门的除草剂进行喷洒，以达到控制和铲除效果。在选择除草剂时，应选择环境友好、对其他植物伤害较小的产品，并严格按照使用说明进行施药。

（3）综合防控。采取机械铲除、化学防治和生物控制等综合措施进行防治，最大限度地减少田菁的扩散和繁殖。

白车轴草

拉丁学名：*Trifolium repens* L.

中文别名：白花苜蓿、白花三叶草、白三叶、金花草、车轴草、菽草翘摇等。

分类地位：豆目（Fabales）豆科（Fabaceae）车轴草属（*Trifolium*）。

原 产 地：欧洲和北非。

中国分布：

全国各地有栽培，中国西南、东南、东北等地均有逃逸野生分布。信阳市浉河区、平桥区、息县、淮滨县、光山县等县（区）有分布。

识别要点：

多年生草本植物。主根短，侧根和须根发达。全株被白色柔毛，茎匍匐或直立，多分枝。掌状三出复叶，叶柄较长，托叶卵状披针形，基部

片状白车轴草（马向阳　摄）

抱茎为鞘状，小叶倒卵形或倒心形，先端钝圆或微凹，基部宽楔形，边缘中部以上有锯齿，两面被白色柔毛。头状花序腋生或顶生，球形，总花梗长于叶柄；花冠白色或淡红色。荚果长圆形。种子阔卵形，细小。

白车轴草叶片、花（淮滨县提供）

生态学特性：

适应性强，喜温凉湿润气候，耐寒、耐热、耐旱、耐贫瘠、耐酸；对土壤要求不严，只要排水好，各种土壤中均能生长良好，尤其喜欢富钙质及腐殖质黏质土壤，也可在沙质土中生长，喜弱酸性土壤，但不耐盐碱。在排水良好、阳光充足的环境下，生长繁茂，竞争能力强，具有明显的向光性运动，但不耐荫蔽和长期积水。生长过程中能够固定大气中的氮素营养，从而为其他植物提供养分。常见于湿润草地、河岸、路边等生境半野生状态。

入侵危害：

白车轴草是一种常见的入侵植物，种子易于扩散，一旦入侵农田、草地等生态系统，对生态安全与农作物生产构成一定程度的危害。其危害性表现为：①破坏生态平衡。白车轴草发生量大，生长速度快，繁殖力强，蔓延迅速，与当地植物竞争资源，从而影响入侵地的生态系统和生物多样性。②影响农业生产。农业区域，白车轴草与入侵地的农作物、草坪、桑树、茶树等植物竞争水分、养分和阳光，影响农作物、草坪、桑树、茶树等正常生长，降低农作物等产量和品质。

防控措施：

（1）物理防控。通过割草、锄草等物理措施可以有效消除白车轴草。

（2）化学防治。幼苗期，使用草甘膦、苯氧羧酸类等除草剂喷洒，可有效杀死白车轴草。但除草剂对环境和人体健康有潜在影响，要慎重使用。

关节酢浆草

拉丁学名：*Oxalis articulate* Savigny

中文别名：酸酸草等。

分类地位：牻牛儿苗目（Geraniales）酢浆草科（Oxalidaceae）酢浆草属（*Oxalis*）。

原 产 地：南美洲。

中国分布：

天津、河北、河南、山西、浙江、云南、广西等地有分布。信阳市各县（区）有栽培或逸为野生。

识别要点：

多年生草本植物。地下具带节的根状块茎，无地上茎。全体被毛。叶基生，掌状复叶，3小叶复生，叶柄较长且细弱，小叶心形，顶端凹陷，基部楔形，绿色，全缘，被短绒毛。伞形花序，花萼5片，绿色；花瓣5片，粉红色，下部有紫粉色条纹。

本种与红花酢浆草（*Oxalis corymbosa* DC.）很相似，两者主要区别为：前者具带关节的地下块茎，块茎有黑斑，无膜质鳞片；叶形较小、叶色较浅且小叶叶脉较不明显，叶片上绒毛较多；花冠筒内侧为紫红色。后者具地下球状鳞茎，外层有褐色膜质鳞片，有毛；叶形较大、叶色较深且小叶叶脉明显；花冠筒内侧为嫩绿色。

关节酢浆草叶片（马向阳　摄）

关节酢浆草地下块茎（马向阳　摄）

片状关节酢浆草（马向阳　摄）

关节酢浆草花序（马向阳　摄）

生态学特性：

适应性强，耐湿，耐贫瘠土壤。喜温暖和湿润的环境，喜光，不耐荫蔽。能在一般土壤中良好生长，生长适温为 15 ~ 26 ℃。花期夏季到秋季，若光照充足，可全年开花。

入侵危害：

关节酢浆草对生态安全构成一定程度的危害，被列为一般性的入侵植物。其危害性表现为：①具有极强的适应性和繁殖能力，容易在新的环境中通过地下块茎大量克隆繁殖，成为优势种群，从而改变原有生态系统的结构和功能，影响入侵地生态安全。②生长迅速，与其他植物竞争养分、水分和阳光，影响其他植物生长。③入侵草坪后，会影响草坪草的生长发育，使得草坪出现杂乱现象，影响观赏价值。

防控措施：

（1）人工防控。对于小面积的入侵区域，通过人工拔除关节酢浆草的植株，捡净地下茎，可以有效减少其种群数量。但需要定期检查和清除，以防止其再生长。

（2）物理防控。使用覆盖物如塑料膜、木板或草席等覆盖关节酢浆草的生长区域，以阻止其光合作用，从而抑制其生长。

（3）化学防治。甲嘧磺隆、莠去津、草坪净 -2、草坪净 -3、草甘膦等除草剂对关节酢浆草具有较好的防治效果。

红花酢浆草

拉丁学名：*Oxalis corymbosa* DC.

中文别名：铜锤草、大酸味草、红三叶、紫花酢浆草、大叶酢浆草等。

分类地位：牻牛儿苗目（Geraniales）酢浆草科（Oxalidaceae）酢浆草属（*Oxalis*）。

原 产 地：南美洲热带地区。

中国分布：

长江以北各地作为观赏植物引入，南方各地已逸为野生。信阳市浉河区、息县、淮滨县等县（区）有栽培或逸为野生。

红花酢浆草（马向阳　摄）

识别要点：

多年生草本植物。无地上茎，地下部有球状鳞茎，外层鳞片膜质，褐色，背具 3 条肋状纵脉，被长缘毛，内层鳞片呈三角形，无毛。叶基生；叶柄长 5 ~ 30 cm 或更长，被毛；小叶 3，扁圆状倒心形，顶端凹入，两侧角圆形，基部宽楔形，表面绿色，背面浅绿色，被毛或近无毛；托叶长圆形，顶部狭尖，与叶柄基部合生。总花梗基生，二歧聚伞花序，常排列成伞形花序，总花梗长 10 ~ 40 cm 或更长，基生；花瓣 5 枚，倒心形，淡紫色至紫红色，花喉部为嫩绿色；基部颜色较深。

红花酢浆草的花（马向阳　摄）

生态学特性：

适应性强，具有极强的耐旱性、抗涝性、耐荫蔽性，稍耐寒。喜光，在全光环境下长势更优，植株丰满，花多，在晴天的早晨开放，晚上闭合；但夏季炎热地区宜遮半阴，夏季有短期的休眠。在腐殖质丰富的沙质壤土上生长旺盛，常生长于低海拔的山地、路旁、荒地或水田中。

入侵危害：

红花酢浆草入侵危害性表现为：①繁殖能力极强。其地下茎极易分离，繁殖迅速，且对多种植物具有强烈的化感作用，能够迅速在环境中扩散，形成单优势群落，从而排挤其他植物，降低生物多样性，危害生态安全。②适应性强，容易存活，对部分除草剂具有抗性，一旦入侵很难控制，为田间、菜地、果园、草地等杂草，易导致农作物减产。

防控措施：

（1）加强管控。当人工种植红花酢浆草时，应加强其管理，避免其逃逸后对其他植物生长的影响，维护生态平衡。

（2）人工防控。对于红花酢浆草零星分布的野生植株，采取连根带叶人工清除掉，以免大量繁殖后清除难度大。

（3）化学防治。对于大面积发生区域，采用一定浓度的百草敌水剂、二甲四氯水剂、2,4-D 钠盐可溶性粉剂、莠去津等药剂进行喷洒防治。

野老鹳草

拉丁学名：*Geranium carolinianum* L.

中文别名：野老芒草、老鹳草、老鸦嘴、老贯筋、老牛筋、福雀草、太阳草等。

分类地位：牻牛儿苗目（Geraniales）牻牛儿苗科（Geraniaceae）老鹳草属（*Geranium*）。

原 产 地：北美洲。

中国分布：

山东、山西、河南、安徽、湖北、湖南、江西、江苏、浙江、福建、广东、广西、云南、四川、重庆、台湾等地有分布。信阳市平桥区、光山县、商城县、新县等县（区）有分布。

识别要点：

多年生草本植物。根细长，有棱角。茎直立或仰卧，单一或多数，具棱角，密被倒向短柔毛。叶近肾状半圆形，两面被柔毛，叶脉在背面隆起；下部叶互生，上部叶对生，5～7深裂，每裂又3～5裂，小裂片条形，锐尖头。花序腋生和顶生，每总梗具2花，顶生总花梗常数个集生，花序呈伞形状；花瓣红色或淡红色。蒴果被短糙毛，顶端有长喙。种子长圆形，褐色，具微细网纹。

野老鹳草（马向阳 摄）

生态学特性：

喜阳光充足、温暖湿润气候，耐寒、耐湿，以疏松、肥沃、湿润的壤土为宜。常生长于平原和低山的荒坡荒地、田园、路边和沟边。

入侵危害：

野老鹳草已被列为严重入侵类外来物种。其危害性表现为：①危害农业生产。野老鹳草是一种恶性杂草，根系发达，吸收土壤水分和养分的能力很强，一旦入侵农田，影响农作物正常生长，特别是对小麦、油菜等作物危害严重，降低农作物的产量和质量。②破坏生态环境。野老鹳草具化感作用，竞争力强，排挤其他植被生长，易形成优势种群，导致入侵地植物多样性降低，对当地生物多样性构成威胁。

防控措施：

（1）农业措施。通过轮作、间作等方式破坏其生长环境，大麦与冬绿肥、油菜轮作换茬，切断传播途径。麦种子要过筛清除草籽；农家肥的麦壳秸秆有此类草籽不宜作肥料。

（2）人工防控。铲除田埂、圩堤上野老鹤草，不让其结籽。植株开始木质化后，人工拔除后深耕覆土，将植株及种子埋入土中。

（3）化学防治。使用适当的除草剂进行化学防治，比如在油菜播种后出苗前，使用异噁草松及其混配剂异松·乙草胺进行土壤封闭处理，对野老鹳草有良好防效。使用异丙隆或精异丙甲草胺进行土壤喷雾处理。在苗期使用草除灵、二氯吡啶酸等除草剂喷洒防治，能抑制其生长。

粉绿狐尾藻

拉丁学名：*Myriophyllum aquaticum*（Vell.）Verdc.

中文别名：羽毛草、布拉狐尾、凤凰草、绿凤尾、青凤凰草等。

分类地位：小二仙草目（Haloragales）小二仙草科（Haloragaceae）狐尾藻属（*Myriophyllum*）。

原 产 地：南美洲亚马孙河流域，包括阿根廷、巴西、乌拉圭、智利。

中国分布：

目前江苏、浙江、江西、河南、湖北、湖南、广西、云南、台湾等地有分布。信阳市光山县有分布。

识别要点：

多年生沉水或挺水草本植物。茎直立，半蔓生，能匍匐在湿地上生长，匍匐在水中生长者，水下茎分枝多。叶二型；沉水叶羽状复叶轮生，每轮4~7枚，小叶片丝状，黄绿色；挺水叶羽状复叶轮生，每轮6枚，小叶片线形，深绿色。穗状花序，花细小，直径约2 mm，白色。

粉绿狐尾藻植株（光山县提供）

生态学特性：

喜日光充足、温暖的环境，怕冻害，在26~30 ℃的温度范围内生长良好，越冬温度不宜低于5 ℃。越冬时将淀粉储藏在匍匐茎中，并借助脆弱易碎的匍匐茎传播，其携带的淀粉则会帮助其成功入侵到其他区域。因此，粉绿狐尾藻凭借较强的营养再生能力、快速的生长特性，能够适应多种异质环境，表现出疯长现象。

入侵危害：

20世纪初，通过观赏花鸟鱼虫市场和水族馆引种养殖进入中国，逃逸后野外扩散，成为一种外来入侵物种。其危害性表现为：①生长速度快，生境适应性强，适应水域生境条件后繁殖量大增，种群优势突出，严重者改变水域生态环境，威胁当地水域物种多样性，破坏水生态平衡，形成生态灾害。②在湖面、河道等水体中，粉绿狐尾藻大量生长，可能导致覆盖水体、阻塞河道，严重影响行洪。

防控措施：

（1）物理防控。采取收割、清淤、改变环境因子（遮光、调节水位等）等方式进行防控。有研究表明，初夏收割地上部分，同时清理沉积物表层淤泥，在高水位和洪水的冲刷下，可以在2年内维持控制效果。但是，机械收割会产生大量的植物碎片，可能造成粉绿狐尾藻植株残体随水流传播。

（2）生物防治。主要通过自然界昆虫、水生植食性动物以及真菌除草剂等来控制粉绿狐尾藻疯长。目前，取食粉绿狐尾藻的昆虫有褐背小萤叶甲（*Galerucella grisescens*）、斜纹夜蛾（*Prodenia litura*）和造桥虫（*Ascotis selenaria*）等。草鱼对粉绿狐尾藻的生长控制也有一定效果。真菌除草剂主要利用植物病原体来控制粉绿狐尾藻生长，如 *Cercosporasp* sp.、*Mycosphaerella* sp. 和 *Mycoleptodiscus terstreis* 等可有效控制粉绿狐尾藻生长。

（3）化学防治。主要是利用除草剂在短时间内控制粉绿狐尾藻大面积生长。粉绿狐尾藻对激素类［2,4-二氯苯氧乙酸（简称2,4-D，别名2,4-滴）、麦草畏、二氯丙基］、吡啶类（敌草快）及磺酰脲类（甲磺隆）除草剂具有很高的敏感性，尤其是生长激素类除草剂2,4-二氯苯氧乙酸，在较高剂量（>1 mg/L）下，对粉绿狐尾藻的控制率达到100%。除草剂可能会破坏非目标生物，因此利用除草剂控制粉绿狐尾藻疯长需要评估其可能引起的环境风险。

（4）综合防控。粉绿狐尾藻具有水陆两栖的特性，单一措施难以完全防治其疯长，根据不同的生长条件采取人工、物理、生物等综合防控措施，可取得很好的防控效果。

凤眼莲

拉丁学名：*Eichhornia crassipes*（Mart.）Solms

中文别名：凤眼蓝、水葫芦、水浮莲。

分类地位：百合目（Liliflorae）雨久花科（Pontederiaceae）凤眼莲属（*Eichhornia*）。

原 产 地：巴西东北部。

中国分布：

辽宁南部、华北、华东、华中和华南的20多个省（区、市）有栽培，在长江流域及其以南地区逸生为杂草，尤以云南、江苏、浙江、福建、四川、湖南、湖北等省入侵严重。信阳市平桥区、罗山县、光山县、商城县、固始县等县（区）有分布。

识别要点：

多年生浮水草本植物，节上生根。茎极短，具长匍匐枝。叶基生，莲座状或互生；叶片宽卵形或宽菱形，基部宽楔形或幼时浅心形，通常具长柄，光亮，具弧形脉；叶柄中部膨大如葫芦状，内有多数气室，基部有鞘状苞片。穗状花序单生茎顶，花葶从叶柄基部的鞘状苞片腋内伸出，多棱；花淡紫蓝色，上方一片较大，因其中央具深蓝色块斑，蓝块斑中又有鲜黄色眼点，状似孔雀羽毛，故名凤眼莲。蒴果卵形、长圆形至线形，包藏于凋存的花被筒内，室背开裂；果皮膜质。种子多数，卵形，有棱。

片状凤眼莲（商城县提供）

单株凤眼莲（固始县提供）

凤眼莲花序（商城县提供）

生态学特性：

凤眼莲对环境的适应性强，较耐寒、耐碱，抗病力较强，在水库、湖泊、池塘、沟渠、沼泽地和低洼的渍水田均可生长，最喜气候温暖湿润、阳光充足的环境，喜生于富含有机质的浅水、静水中，在流速不大的水体中也能够生长，随水漂流。适宜水温 18～23 ℃，超过 35 ℃也可生长，气温低于 10 ℃停止生长。可无性繁殖或播种繁殖，以无性繁殖为主。无性繁殖迅速，依靠匍匐枝与母株分离方式，植株数量可在 5 天内增加 1 倍。一株花序可产生 300 粒种子，种子沉积水下可存活 5～20 年。

入侵危害：

1901 年从日本引入台湾作花卉，20 世纪 30 年代作为畜禽饲料引入中国内地各省，50 年代作为猪饲料推广，并作为观赏和净化水质的植物推广种植，后逃逸为野生。其危害性主要表现为：①堵塞河道，影响航运、排灌、行洪。②影响水产品养殖。凤眼莲的暴发以及其腐烂阶段同时会大量地消耗水体中的溶解氧，可造成鱼类大量死亡。③限制了水体的流动，水体没有阳光照射，变得发臭，使水体中的溶氧量减少，抑制了浮游生物的生长，破坏水生生态系统，威胁本地生物多样性。④吸附重金属等有毒物质，死亡后腐烂体沉入水底形成重金属高含量层，构成对水质的二次污染，杀死底栖生物。⑤为血吸虫和脑炎、流感等病菌提供了滋生地，影响人类身体健康。2003 年 1 月 7 日，凤眼莲被列入原国家环境保护总局、中国科学院联合发布的《中国第一批外来入侵物种名单》。2022 年 12 月 20 日，凤眼莲被列入农业农村部等六部门共同发布的《重点管理外来入侵物种名录》。

防控措施：

（1）人工防控。对于小水面的凤眼莲，可动用人力、物力直接将其捞起运送到陆地而予以清除。

（2）物理防控。对凤眼莲危害较大的水域，可以使用相关机械将其搅灭打碎，扩大水体的光照面积，增加水体的流动性，确保养殖、捕捞及航运顺利进行。

（3）生物防治。目前已研究报道的专食性防治凤眼莲的天敌昆虫有水葫芦象甲（*Neochetina eichhorniae* Warner）、布奇水葫芦象甲（*Neochetina bruchi* Hustache）、水葫芦螟蛾（*Niphograpta albiguttalis*）和叶螨（*Orthogalumna terebrantis* Wallwork）等，均有较好的控制效果。在晚春或初夏，最低气温稳定回升到 13 ℃以上时，每亩释放水葫芦象甲成虫 1 500～2 000 头进行防治。

（4）化学防治。稻田田埂或蔬菜空茬田，每亩使用 20% 氯氟吡氧乙酸（使它隆）乳油 50 mL，可兑水喷雾，或每亩使用 20% 氯氟吡氧乙酸（使它隆）乳油 25 mL 加 20% 二甲四氯钠水剂 125 mL 加洗衣粉 7 g，兑水 10 kg 稀释后喷雾，可降本增效。河道、池塘、沟渠边，每亩使用 41% 农达水剂 300～400 mL、灭草烟 30 g、百草枯 60 g 或 36% 草甘·氯磺可溶性粉剂 300 g，兑水 20 kg 进行喷雾，使药液黏附在凤眼莲茎叶上。但使用除草剂防治对水体生态系统的破坏性较大，污染环境且无法清除凤眼莲的种子。严格注意不能在饮用水水面采用化学防治措施。

苘麻

拉丁学名：*Abutilon theophrasti* Medicus

中文别名：野苘麻、野麻、青麻、塘麻、白麻、车轮草、磨盘草等。

分类地位：锦葵目（Malvales）锦葵科（Malvaceae）苘麻属（*Abutilon*）。

原 产 地：印度。

中国分布：

黑龙江、吉林、辽宁、河北、山东、山西、河南、安徽、江苏、浙江、台湾、福建、江西、湖北、湖南、广东、海南、广西、云南、贵州、重庆、四川、陕西、宁夏及新疆等地均有分布。信阳市浉河区、平桥区、罗山县、息县、淮滨县、固始县、光山县等县（区）栽培或野生。

识别要点：

一年生亚灌木状草本植物。茎枝被柔毛。叶互生，圆心形，长 5～10 cm，先端长渐尖，基部心形，边缘具细圆锯齿，两面均密被星状柔毛；叶柄长 3～12 cm，被星状细柔毛；托叶早落。花单生于叶腋，花梗长 1～13 cm，被柔毛，近顶端具节；花黄色，花瓣倒卵形。蒴果半球形，分果爿被粗毛，顶端具长芒 2；种子肾形，褐色，被星状柔毛。

苘麻植株（光山县提供）

苘麻果实、花（固始县提供）

苘麻果实（马向阳　摄）

生态学特性：

喜温短日照植物，苗期较耐寒，对光照极其敏感，较适宜肥沃疏松的土壤。常见于路旁、荒地、田野、堤岸、村庄旁。

入侵危害：

苘麻的危害性表现为：①根系发达，能够吸收大量的水和养分，从而威胁农作物生长，导致减产，主要危害豆类、薯类、瓜类、蔬菜、油菜、花生、棉花、烟草等农作物以及果树。②生长迅速，对环境适应能力强，能够在短时间内形成单优群落，从而危害生物多样性，对当地农业生产和生态系统构成威胁。③苘麻种子具有蛰伏性，其种子休眠最长达50年，增加了其作为入侵物种的成功率。

防控措施：

（1）加强管控。当人工栽培或大面积种植时，要加强种植区管理，严防其种子扩散到未发生区域。

（2）人工防控。对于野外零星散生植株或小面积发生的地块，可采取在果实成熟前（最好是幼苗期）人工拔除或铲除的方式进行防控。

（3）化学防治。对于大面积发生地块，在苘麻幼苗期，使用21.4%三氟羧草醚水剂，或24%乳氟禾草灵乳油，或25%氟磺胺草醚水剂，或48%灭草松水剂等除草剂按说明书要求稀释后进行均匀喷洒防控，效果较好。

野西瓜苗

拉丁学名：*Hibiscus trionum* L.

中文别名：山西瓜秧、小秋葵、打瓜花、野芝麻、灯笼草、天泡草 。

分类地位：锦葵目（Malvales）锦葵科（Malvaceae）木槿属（*Hibiscus*）。

原 产 地：非洲中部。

中国分布：

黑龙江、吉林、辽宁、内蒙古、北京、天津、河北、山西、河南、山东、江苏、上海、浙江、安徽、江西、湖北、贵州、云南、四川、重庆、宁夏、陕西、甘肃、青海、新疆等地均有分布。信阳市平桥区、固始县、光山县等县（区）有分布。

识别要点：

一年生草本植物。茎柔软，被白色星状粗毛。叶二型，下部叶圆形，不分裂，上部叶掌状 3 ~ 5 深裂，上面疏被粗硬毛或无毛，下面疏被星状粗刺毛；叶柄长 2 ~ 4 cm，托叶线形，叶柄和托叶都被星状粗硬毛。花单生于叶腋，花梗长约 2.5 cm，被星状粗硬毛；花萼钟形，淡绿色，被粗长硬毛或星状粗长硬毛；花冠淡黄色，内面基部紫色，花瓣 5，倒卵形；花药黄色。蒴果长圆状球形，被粗硬毛，黑色。种子肾形，黑色，具腺状突起。

野西瓜苗（光山县提供）

生态学特性：

适应性强，在温暖湿润的沙壤土和壤土上生长旺盛；具有很强的抗旱性，在干燥的石质低山、丘陵坡地、山麓冲沟以及砾石质戈壁中或沙丘丘间低地也能生长；在沙区栽种，具有降低风速、抗击风沙、防止土地风蚀及保护生态环境等作用。常见于路旁、田边、沟渠、荒坡、旷野等处。

入侵危害：

①在农业区域，与当地植物竞争水分、养分、阳光等资源，影响农作物正常生长，导致农作物减产。②适应性强，生长速度快，花期短，结籽多，繁殖能力强，能够迅速扩散，占据其他植物的生存空间，形成大面积的单一优势种群，降低入侵地的生物多样性，从而影响当地生态系统平衡。

防控措施：

（1）加强管理。需采取适当的措施进行管理和控制，不要随意种植和传播，以减少其对农业生产和生态系统可能造成的负面影响。

（2）及时除治。当发现野西瓜苗植株时，应积极采取措施进行控制和消灭。

月见草

拉丁学名：*Oenothera biennis* L.

中文别名：北美月见草、夜来香、待霄草、待宵花、山芝麻、野芝麻、晚樱草等。

分类地位：桃金娘目（Myrtales）柳叶菜科（Onagraceae）月见草属（*Oenothera*）。

原 产 地：北美洲。

中国分布：

1918年在山东青岛采到标本。目前，东北、华北、华东（含台湾）、西南（四川、贵州）等地均有栽培，并早已逸为野生。信阳市浉河区、平桥区、息县、光山县、商城县、新县等县（区）有分布。

识别要点：

二年生草本植物。茎直立，被曲柔毛与伸展长毛，茎枝上端常混生有腺毛。基生莲座叶丛紧贴地面，倒披针形，先端锐尖，基部楔形，边缘疏生浅钝齿，两面被毛；茎生叶椭圆形至倒披针形，边缘有稀疏钝齿，两面被毛。穗状花序，不分枝，或在主序下面具次级侧生花序；苞片叶状，花蕾锥状长圆形，黄绿色或开花时带红色；萼片绿色，有时带红色；花瓣黄色，稀淡黄色，宽倒卵形。蒴果锥状圆柱形。种子细小，暗褐色，棱形。因在傍晚7—9时开花，故称之为“月见草”。

月见草植株（光山县提供）

月见草的花（商城县提供）

生态学特性：

月见草为喜光、喜温、喜肥植物，适应性强，耐旱、耐寒、耐贫瘠，在长日照及燥热的环境条件下长势好；对土壤的适应范围广，在排水良好、土质疏松的中性、微碱或微酸性土壤上均可种植，但积水、渍涝地不适宜其生长。多生长在海拔 1 100 m 的向阳坡地、荒草地、沙质土地及路旁，常聚成片生长。

入侵危害：

月见草繁殖能力极强，具有化感作用，排挤其他植物的生长，较易形成单一优势种群，严重影响其他植物的生长，大量逸生可能影响入侵地的生物多样性，威胁入侵地的生态安全。

防控措施：

（1）加强监测。在月见草刚刚入侵时及时发现并清除，防止其扩散。

（2）物理防控。通过覆盖、隔离等物理手段阻止其扩散。

（3）化学防治。使用适当的除草剂进行防治，但需注意环境保护和生态平衡。

美丽月见草

拉丁学名：*Oenothera speciosa* Nutt.

中文别名：粉晚樱草、墨西哥月见草、粉花月见草、粉红女郎。

分类地位：桃金娘目（Myrtales）柳叶菜科（Onagraceae）月见草属（*Oenothera*）。

原 产 地：美国。

中国分布：

河南、湖北、江西、上海、湖南、广西、浙江、重庆、四川、贵州、云南等地均有分布。信阳市罗山县有分布。

识别要点：

多年生草本植物。主根粗大。茎直立，常丛生；基部茎常红色，多分枝，幼枝平卧后向上。单叶互生，叶片狭披针形，边缘有疏锯齿，基部羽状深裂；茎下部叶有柄，上部叶近无柄。花单生于茎、侧枝上部叶腋，花瓣 4，具红色羽状纹脉，花初开时为淡粉色，后转为水红色，有香气。蒴果近圆柱形，具 4 棱，成熟后室背开裂。

美丽月见草植株（马向阳　摄）

美丽月见草的花（马向阳　摄）

生态学特性：

适应性强，耐酸、耐旱、耐半阴、耐贫瘠，对土壤要求不严，一般中性、微碱或微酸性土均能生长，在温暖湿润气候、排水良好、土壤疏松的环境条件下生长更好。但土壤太湿，根部易得病。常生于海拔 1 000 ~ 2 000 m 的荒地草地、沟边半阴处。

入侵危害：

美丽月见草的入侵危害性表现为：繁殖能力强，根系很深，对入侵地其他植物的生长造成影响，若大量逃逸到野外，可能会在当地生态环境中占据优势，破坏入侵地生态环境。

防控措施：

当种植美丽月见草时，应采取相应的管理和控制措施，一旦发现逸生个体，需及时进行拔除。

北美车前

拉丁学名：*Plantago virginica* L.

中文别名：弗吉尼亚车前、北美毛车前、美洲车前、毛车前、白籽车前等。

分类地位：车前目（Plantaginales）车前科（Plantaginaceae）车前属（*Plantago*）。

原 产 地：北美洲。

中国分布：

20世纪80年代中后期传入我国华东地区。目前，安徽、河南、江苏、上海、浙江、江西、福建、四川、陕西、台湾等地有分布。在此次普查中，信阳市平桥区、罗山县、光山县、新县等县（区）发现有分布。

识别要点：

一年生或二年生草本植物，全株被白色柔毛。根茎短，主根明显，有细侧根。叶基生呈莲座状，平卧至直立；叶片倒披针形至倒卵状披针形，边缘波状、疏生牙齿或近全缘，基部窄楔形，两面及叶柄散生白色柔毛；叶柄具翅或无翅，基部鞘状。穗状花序细圆柱状，上部花常较紧密，下部花较稀疏，花冠淡黄色。蒴果卵球形。种子卵形或长卵形，黄褐色至红褐色，有光泽。

本种与本地植物车前（*Plantago asiatica* L.）的区别为：前者叶片倒披针形或倒卵状披针形，纤细修长，叶片上附着细密的绒毛；具有明显的圆柱形直根；种子2粒。后者叶片宽卵形至宽椭圆形，叶片光滑；须根多数；种子6～8粒。

北美车前（马向阳 摄）

生态学特性：

适应性强，耐寒、耐旱。常生于低海拔的草地、路边、湖畔及村庄旁。

入侵危害：

北美车前具有强大的化感作用、种间竞争和表型可塑性等入侵机制，已经入侵到我国华东、华南、华中等很多省份的农田、果园、菜地,并对城市生态系统,特别是草坪生态系统造成严重威胁。其危害性表现为:①北美车前具有自花传粉及风媒传粉两种授粉机制,种子产量大,繁殖能力极强,种子可借着流水、人、动物以及交通工具等传播,入侵性强,蔓延迅速,一旦传入,极易成为优势种群,威胁入侵地其他植物生长,是果园、旱田及草坪的杂草。②北美车前种群密度过大、花粉数量较多时,还有可能导致人类花粉过敏症。

防控措施:

(1)加强监测。及时发现并控制其扩散。

(2)农业措施。通过水旱轮作、间作、深耕等措施,以减少其适宜的生长环境。

(3)物理防控。通过人工拔除、机械铲除等方法进行清除。

(4)化学防治。使用适宜的除草剂进行喷洒。

阿拉伯婆婆纳

拉丁学名:*Veronica persica* Poir.

中文别名:波斯婆婆纳、肾子草、灯笼草等。

分类地位:车前目(Plantaginales)车前科(Plantaginaceae)婆婆纳属(*Veronica*)。

原 产 地:欧洲、西亚至伊朗一带。

中国分布:

1933年在湖北武昌采集到标本。目前,华东、华中、西南、西藏东部及新疆等地均有分布。信阳市浉河区、平桥区、罗山县、光山县、新县等县(区)有分布。

识别要点:

片状阿拉伯婆婆纳(光山县提供)

一、二年生草本植物。茎自基部分枝,下部伏生在地面上,茎密生两列柔毛。茎基部叶片对生,上部叶片互生,卵形或圆形,边缘具钝齿,两面疏生柔毛,具短柄。花单生于苞腋,总状花序很长;苞片互生,与叶同形且几乎等大;花梗比苞片长;花冠蓝色、紫色或蓝紫色,花瓣上有放射状的深蓝色条纹。蒴果肾形,表面明显具网脉。种子背面具深横纹。

本种与婆婆纳(*Veronica polita* Fries.)的区别为:前者花梗明显长于苞片,蒴果表面明显具网脉;后者花梗比苞片略短,蒴果密被腺毛。

阿拉伯婆婆纳的花（马向阳　摄）

生态学特性：

喜光、耐旱，具有较强的耐贫瘠性，其在相对潮湿环境中存活率明显低于旱生环境。多生于草原、路边、弃田、荒地、宅旁等旱生生境。

入侵危害：

阿拉伯婆婆纳繁殖能力强，生长速度快，环境适应能力强，抗药性强。其危害性表现为：①通过化感作用抑制其他植物种子萌发和幼苗生长，使自身在竞争中处于优势地位，会威胁生物多样性的安全。②对作物造成严重危害，是麦类、油菜等夏熟作物田的恶性杂草，还能危害秋熟旱作物如棉花、玉米、大豆等幼苗生长。③阿拉伯婆婆纳是黄瓜花叶病毒（CMV）、李痘病毒（PPV）等多种微生物以及蚜虫等害虫的寄主。

防控措施：

（1）农业措施。阿拉伯婆婆纳种子处于水田中两年会完全死亡，因此作物生产时采取旱水轮作可有效地控制这种杂草。

（2）人工防控。对于密度较小或新入侵的种群，可采取人工拔除或锄草的方式进行防控。

（3）生物防治。胶孢炭疽菌 Qz-97a 对阿拉伯婆婆纳具有很强的致病性，对大豆、油菜等作物无毒害作用，可使用胶孢炭疽菌 Qz-97a 作为真菌除草剂进行生物防治。

（4）化学防治。幼苗期，使用异丙隆、伏草隆、二甲四氯、绿麦隆、甲基二磺隆、麦草宁等除草剂进行防治，效果较好。如小麦、玉米、水稻田、果园等每亩用 20% 氯氟吡氧乙酸（使它隆）乳油 60 mL 或 20% 二甲四氯钠盐水剂 250 mL 等药剂兑水 30 kg 稀释后喷雾防治。

香附子

拉丁学名：*Cyperus rotundus* L.

中文别名：莎草、旱三棱、三棱草、胡子草、雷公头等。

分类地位：禾本目（Poales）莎草科（Cyperaceae）莎草属（*Cyperus*）。

原 产 地：印度。

中国分布：

甘肃、陕西、山西、河北、山东、河南、江苏、浙江、福建、江西、安徽、广东、广西、云南、贵州、四川、台湾等地有分布。信阳市各县（区）均有分布，局部地块密度较高。

识别要点：

多年生草本植物。匍匐根状茎长，具椭圆形块茎。茎稍细弱，锐三棱形，平滑，基部呈块茎状。叶短于秆，平展；鞘棕色，常裂成纤维状；叶状苞片数枚。长侧枝聚伞花序简单或复出，具（2）3～10个辐射枝；穗状花序轮廓为陀螺形，稍疏松，具3～10个小穗；小穗斜展，线形，具8～28朵花；小穗轴具较宽的、白色透明的翅；鳞片稍密地覆瓦状排列，卵形或长圆状卵形，中间绿色，两侧紫红色或红棕色。小坚果长圆状倒卵形，三棱形。全株有一股特殊的香味，因得此名。

香附子幼株（马向阳　摄）

香附子花序（马向阳　摄）

生态学特性：

生存能力很强，能适应各种不良环境。喜疏松、肥沃、湿润的土壤和温暖的气候，土壤湿度和气温对其生长有显著影响，在沙质土壤上发生较重。块茎在低于0 ℃的环境中容易受冻害，最适发芽温度为30～35 ℃。地上部分由块茎或基部鳞茎发芽形成，纵向发展形成复杂的地下块茎网络。常生长于山坡、荒地、路边、田间、草丛中或水边潮湿处。

入侵危害：

香附子具有较特殊难除的块茎根，防治难度大，是一种世界性危害较大的恶性杂草。其危害性表现为：①危害农业。香附子繁殖能力强，地下块茎系统发达，对作物有着强大的竞争优势，与农作物争夺水分、光照和营养，导致作物、水果和蔬菜生长不良，严重危害农业生产，在全世界每年可造成数百万美元的经济损失。②危害生态。香附子生存能力很强，生殖速度快，蔓延迅速，能适应各种不良环境，易形成优势种群；块茎中存在多种化感物质，具有明显的化感作用，影响入侵地本土植物的生长、繁殖，对入侵地植物多样性构成威胁。③香附子是许多病虫害的寄主，包括无脊椎动物、病害、线虫，以及白背飞虱（*Sogatella furcifera*）、东亚飞蝗（*Locusta migratoria manilensis*）等昆虫。

防控措施：

（1）农业措施。根据香附子喜潮湿、怕水淹的特点进行水旱轮作；根据其怕荫蔽的特性，可采用作物合理密植法，抑制杂草生长。定期浅耕也是防除多年生杂草的有效措施之一，据报道，反复人工除草、机械除草对香附子的防效可达 74%～93%。

（2）人工防控。对香附子发生集中而又以块茎繁殖为主的地块，可结合耕地或中耕松土时，人工捡拾土壤中香附子块茎，带出田间晒干焚烧。香附子成株开花结籽期（种子未成熟前），拔除整株或割去地上部分的茎和花序。

（3）物理防控。土壤日晒、遮盖和塑料覆盖都可导致香附子块茎干燥和碳水化合物饥饿，从而降低其块茎的活力和再生能力，抑制其生长。

（4）生物防治。使用真菌、细菌、鸟类和昆虫等生物进行防控。研究发现，真菌 *Dactylaria higginsii* 对香附子有防治效果，其悬浮液在田间施用 3 次后，可使香附子干重降低 90%；*Puccinia romagnoliana* 可导致桑园中香附子幼芽迅速死亡，块茎活力和数量显著下降。脉尖翅小卷蛾（*Bactra venosana*）的幼虫对香附子有很好的抑制作用，可破坏主根导致植株干枯。

（5）化学防治。使用草甘膦、草铵膦、二甲四氯、氯吡嘧磺隆等除草剂，兑水稀释后均匀喷洒叶面。需严格按照药剂说明书的规定用药，避免造成药害或影响防治效果。

五叶地锦

拉丁学名：*Parthenocissus quinquefolia*（L.）Planch.

中文别名：美国地锦、五叶爬山虎、爬墙虎等。

分类地位：鼠李目（Rhamnales）葡萄科（Vitaceae）地锦属（*Parthenocissus*）。

原 产 地：北美洲。

中国分布：

东北至华南各省（区、市）均有分布。信阳市各县（区）有栽培或逸为野生。

识别要点：

木质藤本植物。小枝圆柱形，无毛。嫩芽为红色或淡红色，卷须总状 5～9 分枝，嫩时尖细卷曲，遇附着物时扩大成吸盘。5 小叶片组成掌状复叶，小叶倒卵圆形、倒卵椭圆形或外侧小叶椭圆形，叶缘具粗齿，两面均无毛或下面脉上微被疏柔毛；叶柄无毛。圆锥状多歧聚伞花序假顶生，序轴明显；花萼碟形，边缘全缘，无毛；花瓣长椭圆形。浆果球形，蓝黑色，被白粉。种子倒卵形，光滑，有光泽。

五叶地锦果实（马向阳 摄）

五叶地锦幼株（马向阳 摄）

生态学特性：

多年生落叶大藤本植物，叶片大而密，具有吸盘与黏性气生根，攀附能力强。喜温暖气候，耐寒、耐阴、耐贫瘠、耐干燥，对土壤与气候适应性较强，干燥条件下也能生存，在中性或偏碱性土壤上均可生长，有一定的抗盐碱能力，对二氧化硫等有害气体有较强的抗性。抗病性强，病虫害少。常生于森林、河流或湖泊岸边、路边、岩石斜坡处。

入侵危害：

五叶地锦是一种攀缘植物，会把身边的植物缠得严严实实，密不透风，致使其他植物生长不良或死亡。大量逸生可能影响入侵地生物多样性，威胁入侵地的生态安全。

防控措施：

（1）加强管控。引种栽培应当做好防控，防止逃逸后大量繁殖。

（2）人工防控。对于重要生态区，要加强监测，发现零星植株，及时人工拔除或铲除。

（3）化学防治。五叶地锦快速生长期喷施灭生性除草剂草甘膦 1 500 g/hm^2 或草甘膦 750 g/hm^2 和森草净 75 g/hm^2 混用，可显著抑制五叶地锦的生长。

裂叶牵牛

拉丁学名：*Ipomoea hederacea*（L.）Jacq.，异名：*Pharbitis nil*（L.）Choisy

中文别名：牵牛、喇叭花子、喇叭花、牵牛花。

分类地位：茄目（Solanales）旋花科（Convolvulaceae）番薯属（*Ipomoea*）。

原 产 地：热带美洲。

中国分布：

黑龙江、吉林、辽宁、内蒙古、河北、山西、陕西、河南、山东、安徽、江苏、浙江、江西、湖北、湖南、福建、广东、海南、广西、云南、贵州、四川、台湾等地有分布。信阳市浉河区、平桥区、息县、光山县、新县等县（区）有分布。

识别要点：

一年生攀缘草本植物，全株被粗硬毛。茎细长缠绕，具刺毛。叶互生，近心状卵形，具深3裂稀5裂；叶柄长3～7 cm。花序腋生，花1～3朵，总花梗稍短于叶柄，总花梗被长柔毛，苞片披针形；萼片宽披针形，先端向外反卷，基部被柔毛，花冠漏斗状，蓝色、玫红色或淡紫色，花冠筒常白色。蒴果球形，无毛。种子三棱形微皱，无毛。

本种与圆叶牵牛［*Ipomoea purpurea*（L.）Roth］的区分为：前者叶片具深3裂；花序腋生，每花梗着生1～3朵；叶柄较花梗长。后者叶阔较大，不分裂；花1～5朵成簇腋生；花梗与叶柄等长。

裂叶牵牛叶片、花（光山县提供）

裂叶牵牛果实（马向阳 摄）

裂叶牵牛种子（马向阳 摄）

生态学特性：

喜光照充足、温暖的生态环境，较耐旱、耐阴、耐贫瘠、耐热，但不耐寒，适宜在肥沃的沙壤土及黏壤土上生长。常生于田边、山坡、路旁、河谷、灌丛、墙脚、宅院、果园、菜园等生境。

入侵危害：

裂叶牵牛在中国南方已经形成较为严重的入侵危害，特别是在农业、林业、生态环境等方面。其危害性表现为：①适应性极强，能够在多种环境中生存和繁殖；扩散能力极强，能够大量生长并缠绕在其他植物上，导致其他植物死亡，破坏生物多样性和自然生态系统平衡。②与入侵地植物争夺水分、养分、阳光等资源，影响果园、菜园、林地、草地等经济林木和作物的正常生长，导致生产力下降，造成较严重的经济损失。③全株有毒，种子毒性较大，误食可能导致呕吐、腹泻等症状。

防控措施：

（1）农业措施。通过除草、垦覆等措施对土壤进行处理，可以有效控制裂叶牵牛的生长。

（2）化学防治。使用二甲四氯、苯吡唑草酮、硝磺草酮等除草剂进行茎叶喷施，特别是在玉米苗后和裂叶牵牛 4 叶期前使用效果最佳。在大豆田，可施用咪唑乙烟酸、氟磺胺草醚、三氟羧草醚等。草甘膦和草铵膦只能用于非耕地上裂叶牵牛的防治。

圆叶牵牛

拉丁学名：*Ipomoea purpurea*（L.）Roth，异名：*Pharbitis purpurea*（L.）Voisgt

中文别名：圆叶旋花、小花牵牛、紫花牵牛、心叶牵牛、毛牵牛、牵牛花、重瓣圆叶牵牛、喇叭花、打碗花等。

分类地位：茄目（Solanales）旋花科（Convolvulaceae）番薯属（*Ipomoea*）。

原 产 地：美洲热带地区。

中国分布：

现分布于吉林、辽宁、内蒙古、河北、北京、天津、山东、山西、陕西、河南、安徽、湖北、湖南、江西、江苏、上海、浙江、福建、广东、海南、广西、云南、贵州、四川、重庆、甘肃、青海、西藏、新疆、台湾、香港、澳门等地。信阳市浉河区、平桥区、息县、光山县、新县等县（区）有分布。

识别要点：

一年生缠绕草本植物，全株被短柔毛和倒向的长硬毛。叶互生，圆心形或宽卵状心形，基部圆心形，全缘，两面疏或密被刚伏毛；叶柄长 2 ~ 12 cm。花腋生，单一或 2 ~ 5 朵着生于花序梗顶端成伞形聚伞花序，花序梗比叶柄短或近等长；花冠漏斗状，紫红色、红色或白色，花冠管白色。蒴果近球形，3 瓣裂。种子卵状三棱形，黑褐色或米黄色，表面粗糙。

圆叶牵牛的叶、花（浉河区提供）

圆叶牵牛果实（马向阳　摄）

生态学特性：

适应性强，喜温暖、湿润、阳光充足的环境，不耐寒，耐干旱瘠薄，对土壤要求不严格，微酸性至微碱性土壤都可生长。常生于平地至海拔 2 800 m 的路边、田野、荒地、篱笆旁或山谷林内。在花期水肥充足有利于花芽分化，花朵硕大，花期延长。开花时，若土壤和空气湿度大，花朵可从早上开到午后。

入侵危害：

圆叶牵牛是我国外来入侵物种中危害较重的植物之一。19 世纪 90 年代人为有意引进而传入我国，逸入农田（包括旱作物田、果园、苗圃）、田边、路旁、林内和城市庭院、花坛、草地后扩散至全国各地。其危害性表现为：①危害农业生产。圆叶牵牛作为一种旱田、果园及苗圃杂草，能在各种土壤立地条件下生长，且非常耐旱。一旦入侵农田、草地和绿地后覆盖在植物上部，与其争夺阳光和生长空间，影响植物生长，严重时会导致作物或树木死亡。此外，圆叶牵牛还向环境中释放一些化感物质，从而影响周围本土植物的生长发育，破坏入侵地的生态系统和生物多样性。②危害人类健康。圆叶牵牛还传播花叶病毒、立枯病、白粉病等多种病毒和细菌，对农作物和人类健康造成危害。此外，该植物具有一定的毒性，误食会导致中毒。2014 年 8 月 20 日，圆叶牵牛被列入原环境保护部、中国科学院联合发布的《中国外来入侵物种名单（第三批）》。

防控措施：

（1）农业措施。农业生产区域，结合栽培管理，在圆叶牵牛出苗期，中耕除草，可降低种群密度；在营养生长期不定期进行刈割，可有效降低结实量。

（2）物理防控。对于点状、零星发生的圆叶牵牛，幼苗期可采用人工拔除方式进行防治；大面积发生且不适宜化学防治的生境，在开花或种子成熟前，可采取机械铲除措施进行防治。清除的植株要全部收集起来，进行集中暴晒、深埋或烧毁等无害化处理。

（3）化学防治。对于农田、果园，在圆叶牵牛幼苗期，可选择二甲四氯等除草剂进行茎叶喷雾；对于非农生境，在其幼苗期，可选择草甘膦、2,4-D 丁酯、二甲四氯等除草剂进行茎叶喷雾。

瘤梗甘薯

拉丁学名：*Lpomoea lacunosa* L.

中文别名：瘤梗番薯。

分类地位：茄目（Solanales）旋花科（Convolvulaceae）番薯属（*Ipomoea*）。

原 产 地：热带美洲。

中国分布：

北京、天津、河北、山东、安徽、河南、湖北、湖南、江苏、上海、浙江、福建、广东、海南、台湾等地均有分布。信阳市平桥区、固始县等县（区）有分布。

识别要点：

多年生攀缘草本植物。茎缠绕，多分枝，被稀疏的疣基毛。叶互生，卵形至宽卵形，全缘，基部心形，先端具尾状尖，上面粗糙，下面光滑；叶柄无毛或有时具小疣。花序腋生，花序梗具明显棱和瘤状突起；花冠漏斗状，无毛，通常白色，有时淡红色或淡紫红色。蒴果近球形，中部以上被毛，具花柱形成的细尖头。种子无毛。因花梗上有瘤而得名。

瘤梗甘薯（马向阳　摄）

本种与三裂叶薯（*Ipomoea triloba* L.）的区别为：前者植株通常比较粗壮，叶呈心形或宽卵形，色泽鲜绿；花朵呈漏斗形；根茎表面生有明显的小瘤，花序梗具瘤状突起。后者叶片 3 裂，稀心形或宽卵形叶；花朵呈钟形，颜色通常是白色或紫色；花序梗具棱角，顶端具小疣。

瘤梗甘薯的花（马向阳　摄）

瘤梗甘薯果实（马向阳　摄）

生态学特性：

适应性和生长能力较强，耐旱、耐瘠薄，能够适应多种环境。喜湿润土壤，在气温20 ~ 30 ℃且雨量充足的气候条件下生长较好。具有较强的缠绕能力，通常缠绕在其他植物上生长，能够缠绕并危害灌木植物。常生于荒野地、山坡林缘、村旁、田边、路边等生境。

入侵危害：

瘤梗甘薯具有较强的生长能力和适应性，分布广泛，对农林生产、生态环境有一定的影响。其危害性表现为：①适应性较强，不仅在荒野旷地、村旁、田边、山坡林缘均可生长，而且它攀缘生长于果园、茶园、菜地、庭院篱笆、荒地路边等，形成覆盖其他植物的局部优势种群，尤其危害草本植物、灌木植物，影响当地植被的多样性和生态平衡。②瘤梗甘薯生长旺盛、繁殖能力强，具有一定的自播能力，当其大量繁殖并缠绕、覆盖农作物、灌木甚至乔木时，会与之争夺土壤水分、营养与阳光；根系发达，能够破坏土壤结构，影响土壤肥力和水分保持能力，影响农林业生产。

防控措施：

（1）加强监测。建立监控机制，定期监测绿地、果园、菜园、农田中的植物情况，做到早发现、早除治。

（2）人工防控。一旦发现零星分布的瘤梗甘薯，立即人工拔除，尤其是入夏后其生长旺盛期。

（3）生态控制。通过改善生态环境，提高本地植物的竞争力，减少瘤梗甘薯的生存空间。

（4）生物防治。通过引入和保护瘤梗甘薯的天敌，利用它们来控制瘤梗甘薯的生长。例如，可以使用淡紫紫孢菌（*Purpureocillium lilacinum*）等生物制剂来抑制其生长。

（5）化学防治。大面积发生区域，在确保环境安全的前提下，幼苗期选择针对性强的除草剂进行喷洒，以控制其生长和扩散。

三裂叶薯

拉丁学名：*Ipomoea triloba* L.，异名：*Ipomoea blancoi*

中文别名：小花假番薯、红花野牵牛、三裂叶牵牛。

分类地位：茄目（Solanales）旋花科（Convolvulaceae）番薯属（*Ipomoea*）。

原 产 地：热带美洲。

中国分布：

辽宁、江苏、上海、浙江、福建、广东、广西、海南、台湾、香港、澳门等沿海地区，以及陕西、河南、安徽、湖北、湖南、贵州、云南等部分内陆地区有分布。信阳市平桥区有分布。

识别要点：

一年生缠绕草本植物。叶宽卵形至圆形，全缘或有粗齿或深3裂，基部心形。花序腋生，呈伞形状聚伞花序；花序梗有棱角；花冠淡红色或淡紫红色，漏斗状，冠檐裂片短而钝，有小短尖头。蒴果近球形，具花柱基形成的细尖。

三裂叶薯的花（马向阳　摄）

三裂叶薯果实（马向阳　摄）

生态学特性：

适应性极强，对环境要求不严，一般土质都可很好地生长。喜光照，喜温暖、湿润的气候条件，生长适温 18 ~ 30 ℃。多生长于田边、路旁、沟旁、宅院、果园、荒草地、苗圃等生境。常攀附在其他植物或物体上。

入侵危害：

适应性强，缠绕其他植物，危害灌木和农作物，是一种潜在的严重危害杂草。其危害性表现为：①耐旱能力强，具有匍匐和缠绕的习性，能将其他植物遮挡覆盖，影响其光合作用，从而导致其他植物的生长能力下降，甚至死亡。②植株能够产生化感物质，抑制本土植物的生长。主要对秋收作物产生一定的影响，如抑制白菜、莴苣、芥菜、萝卜种子的发芽及幼苗的发育等。

防控措施：

（1）人工防控。加强引种控制，发现野生植株，及时铲除。人工割除其藤蔓，挖出其根茎。

（2）化学防治。可选用适宜的除草剂进行防治。

茑萝

拉丁学名：*Ipomoea quamoclit* L.，异名：*Quamoclit pennata*（Desr.）Boj.

中文别名：茑萝松、五角星花、羽叶茑萝、锦屏封、金丝线、绕龙花等。

分类地位：茄目（Solanales）旋花科（Convolvulaceae）番薯属（*Ipomoea*）。

原 产 地：热带美洲。

中国分布：

辽宁、河北、陕西、河南、山东、安徽、江苏、浙江、江西、湖北、湖南、福建、广东、海南、广西、云南、贵州、四川、重庆、台湾等地有分布。信阳市浉河区、罗山县等县（区）有分布。

茑萝的花（马向阳 摄）

识别要点：

一年生缠绕草本植物。叶卵形或长圆形，羽状深裂至中脉，具 10 ~ 18 对线形至丝状的平展的细裂片，似鸟羽毛；叶柄长 8 ~ 40 mm，基部常具假托叶。花序腋生，由少数花组成聚伞花序；总花梗大多超过叶；花直立，花柄较花萼长，在果时增厚成棒状；花冠高脚碟状，深红色，上部稍膨大，冠檐开展，5 浅裂，似五角星。蒴果卵形，隔膜宿存。种子卵状长圆形，黑褐色。

茑萝果实（马向阳　摄）

生态学特性：

抗逆力强，耐霜冻、耐干旱、耐瘠薄，喜温暖、向阳的环境，在湿润、肥沃的沙质壤土上生长更好。常生于路边、田边、沟旁、荒地、宅院、果园、山坡、苗圃和篱笆旁等生境。

入侵危害：

目前，茑萝被列为一般性外来入侵植物。其危害性表现为：①具有较强的抗逆力和适应性，对土壤要求不高，危害旱地作物、草坪和灌木。②繁殖能力强，花量丰富，容易自花授粉并结出大量种子，导致其种群迅速扩大，缠绕作物、园林苗木及森林植物，对伴生植物有绞杀作用。

防控措施：

（1）人工防控。定期清理和拔除茑萝的幼苗和成株，避免其种子传播。

（2）物理防控。使用覆盖物或障碍物阻止其蔓延；避免在花园中使用未经过滤的有机肥料，预防其扩散蔓延。

毛曼陀罗

拉丁学名：*Datura innoxia* Mill.

中文别名：软刺曼陀罗、毛花曼陀罗、风茄花、北洋金花、串筋花等。

分类地位：茄目（Solanales）茄科（Solanaceae）曼陀罗属（*Datura*）。

原 产 地：美国西南部至墨西哥。

中国分布：

辽宁、内蒙古、北京、河北、山东、陕西、河南、湖北、江苏、上海、浙江、新疆等地有分布。信阳市浉河区、平桥区等地有分布。

毛曼陀罗植株（马向阳　摄）

识别要点：

一年生草本或半灌木状植物，全体密被细腺毛和短柔毛。茎粗壮，下部灰白色，分枝灰绿色或微带紫色。叶片广卵形，全缘或微波状或有不规则的疏齿，每边侧脉7～10条。花单生于枝杈间或叶腋，直立或斜升；花梗初直立，花萎谢后向下弓曲。花萼圆筒状而不具棱角，5裂，裂片狭三角形，花后宿存部分呈五角形，果时向外反折；花冠长漏斗状，下半部淡绿色，上半部白色，花开放后呈喇叭状，边缘有10尖头。蒴果俯垂，近球状或卵球状，密生细针刺及白色柔毛，成熟后不规则4瓣裂。种子扁肾形，褐色。

本种与曼陀罗（*Datura stramonium* L.）的区别为：本种全体密被细腺毛和短柔毛；叶片为广卵形，每边有侧脉7～10条；花朵有1～2 cm长的花梗，初期直立状，后期向下弓曲，花冠长漏斗状，开放后呈喇叭状；蒴果稍垂，表面密生细针刺，成熟后淡褐色；种子为褐色，扁肾形。后者整株近光滑；叶片每边有侧脉3～5条；花朵有短花梗，直立，花冠漏斗状；蒴果直立生长，表面有针刺，成熟后淡黄色；种子为黑色，卵圆形。

毛曼陀罗的花（马向阳　摄）

毛曼陀罗果实（马向阳　摄）

本种与洋金花（*Datura metel* L.）极为相似，主要区别为：毛曼陀罗种子较小，背部两侧边缘波纹沟槽明显较深。

生态学特性：

喜温暖湿润气候和阳光充足环境，耐干旱，不耐寒，怕霜雪，对土壤要求不高，适宜在肥沃疏松和排水良好的沙壤土上生长。常生于村边、路旁等处。

入侵危害：

其危害性表现为：①危害农业生产。毛曼陀罗作为入侵植物，主要危害农田、果园、苗圃等，影响农作物及苗木正常生长。②危害人畜健康。毛曼陀罗全株含有毒成分，对人畜、鱼类、家禽、鸟类有强烈的毒性，尤其是种子和果实，误食可能导致中毒反应，严重时可能出现癫痫发作、昏迷、呼吸衰竭等致命情况。

防控措施：

（1）人工防控。发现毛曼陀罗野生植株，及时清理，阻止毛曼陀罗进一步扩散。

（2）物理防控。在毛曼陀罗的生长区域覆盖塑料薄膜或稻草，阻止其光照和水分供应，从而抑制其生长。

（3）化学防治。在幼苗期喷洒适宜的除草剂，可以有效控制毛曼陀罗的生长。

曼陀罗

拉丁学名：*Datura stramonium* L.

中文别名：狗核桃、洋金花、山茄子、醉仙桃、醉心花等。

分类地位：茄目（Solanales）茄科（Solanaceae）曼陀罗属（*Datura*）。

原 产 地：墨西哥。

中国分布：

中国各省（区、市）都有分布。信阳市平桥区、罗山县、光山县、新县等县（区）有分布。

识别要点：

曼陀罗植株（平桥区提供）

一年生草本或半灌木植物。茎粗壮，圆柱状，淡绿色或带紫色，下部木质化。叶广卵形，先端尖，基部呈不对称楔形，边缘有不规则波状浅裂，裂片先端尖，或具波状齿。花单生于枝杈间或叶腋，直立，有短梗；花萼筒状，筒部具5棱，先端紧围花冠筒，具5浅裂，裂片三角形，花后自近基部断裂，宿存部分随果实而增大并向外反折；花冠漏斗状，下半部带绿色，上半部白色或淡紫色，檐部具5浅裂。蒴果直立，卵状，表面具坚硬针刺或无刺，成熟后淡黄色。种子

曼陀罗果实（平桥区提供）

肾形，稍扁，灰褐色至黑色。

生态学特性：

适应性较强，喜温暖、湿润、阳光充足、排水良好环境，不耐涝；对土壤要求不严格，一般土壤均可生长，但以富含腐殖质和石灰质土壤为好。常野生于田间、沟旁、路边、河岸、山坡、住宅旁、草地等生境。

入侵危害：

曼陀罗被我国列为严重入侵类外来物种。其危害性表现为：①植株能释放强烈的化感物质，对其他植物种子萌发和幼苗生长具明显的化感作用，在耕地、菜园里，危害棉花、豆类、薯类、蔬菜等作物生长，严重影响农业生产。②全株含生物碱，对人畜、鱼类、鸟类有强烈毒性，其中果实、种子毒性较大。种子易混入大豆等粮食中，被人畜误食后可能引起中毒，中毒严重者会休克甚至死亡。

防控措施：

（1）农业措施。实行轮作，在不同的季节或年份种植不同的作物，避免在同一地块连续种植易受曼陀罗侵害的作物，可有效地减少曼陀罗的生长。

（2）人工防控。对于零星植株，采取人工拔除或者锄除的方式进行防控。

苦蘵

拉丁学名：*Physalis angulata* L.

中文别名：灯笼泡、灯笼草、灯笼果、苦職酸浆等。

分类地位：茄目（Solanales）茄科（Solanaceae）洋酸浆属（*Physalis*）。

原 产 地：南美洲。

中国分布：

吉林、辽宁、内蒙古、河北、天津、山东、河南、安徽、江苏、上海、浙江、福建、江西、湖北、湖南、广东、海南、广西、云南、西藏、贵州、四川、重庆、陕西、甘肃、宁夏、台湾、香港、澳门等地有分布。信阳市各县（区）均有分布。

识别要点：

一年生草本植物。茎多分枝，具棱角，分枝纤细，被短柔毛或后来近无毛。叶卵形至卵状椭圆形，深绿色，先端渐尖或急尖，基部阔楔形或楔形，稍偏斜，全缘或不规则的锯齿，近无毛或有疏柔毛。花单生，花梗纤细，被柔毛。花冠淡黄色，阔钟状，不明显5浅裂或者仅有5棱角，边缘具睫毛，喉部有紫色斑纹或无斑纹。种子扁平，圆盘形。黄橙色的果实生长在气球状的花萼内，似灯笼。

苦蘵植株（固始县提供）

苦蘵的花（马向阳　摄）

苦蘵果实（马向阳　摄）

生态学特性：

喜土壤肥沃湿润的环境，常生于海拔 500 ~ 1 500 m 的山谷林下及村边路旁。

入侵危害：

苦蘵对生态安全构成了一定程度的危害，被列为一般性的入侵植物。其危害性表现为：①破坏生态平衡。苦蘵生命力旺盛，竞争力和生态可塑性强，入侵后迅速向四周扩散，与本土植物竞争水、肥、热资源，抑制和排斥其他本土植物，挤占本土植物的生存空间，形成单一物种群落，破坏生物多样性。②影响农业生产。苦蘵根系发达，生长旺盛，入侵农田后，与农作物竞争水分、营养、阳光等资源，导致农作物减产，品质下降。

防控措施：

（1）人工防控。对于零星植株或者小面积发生区域，人工拔除苦蘵植株。

（2）化学防治。对于大面积发生区域，使用二甲四氯、氟磺胺草醚、三氟羧草醚钠盐等除草剂防治。

珊瑚樱

拉丁学名：*Solanum pseudocapsicum* L.

中文别名：红珊瑚、冬珊瑚、珊瑚子、玉珊瑚、珊瑚豆、吉庆果、圣诞樱、四季果、野辣茄等。

分类地位：茄目（Solanales）茄科（Solanaceae）茄属（*Solanum*）。

原 产 地：南美洲。

中国分布：

河北、天津、山西、陕西、河南、安徽、江苏、上海、浙江、江西、湖北、湖南、广东、广西、云南、贵州、重庆、四川、甘肃、西藏、台湾、澳门等地均有栽培，也有逸生野外植株。信阳市平桥区、罗山县、淮滨县、潢川县、固始县、光山县、新县等县（区）有逸生植株。

识别要点：

常绿性小灌木木本植物。茎直立分枝，全株光滑无毛。单叶互生，狭长圆形至披针形，先端尖或钝，基部狭楔形，边全缘或波状，两面均光滑无毛，中脉在下面凸出。花多单生，稀双生或成短总状花序与叶对生或腋外生；花小，白色。浆果球形，似樱桃，果色随季节由绿色变成红色，再到橙黄色，秋冬挂果期长达 3 个多月。

珊瑚樱植株（光山县提供）

珊瑚樱的花（马向阳　摄）

珊瑚樱果实（马向阳　摄）

生态学特性：

喜阳光、温暖，耐高温，比较耐干旱，半阴处也能生长；耐寒力差，在冬季气温较暖的地区，能在室外越冬，中国北方地区要移到温室越冬；适宜土层深厚疏松的肥沃土壤。各地多为栽培观赏，有的逸生于路边、沟边和旷地。

入侵危害：

其危害性表现为：①珊瑚樱为一般外来入侵物种，入侵农田、菜地、草地，大量繁殖后会影响农作物、草类正常生长。②全株含有茄碱和玉珊瑚碱，具有毒性，叶子比果实的毒性更大，误食后可能导致恶心、呕吐、心跳减慢等症状。

防控措施：

（1）农业措施。通过轮作、间作等方式，可有效遏制珊瑚樱的生长与扩散。

（2）物理防控。加强监测，发现零星植株及时人工拔除，阻止其扩散蔓延；使用遮盖物阻止其生长。

（3）化学防治。选择合适的除草剂进行叶面喷洒，可以有效控制珊瑚樱的生长。

第二节　植物病原线虫

松材线虫

拉丁学名：*Bursaphelenchus xylophilus*（Steiner et Buhrer）Nickle

中文别名：钝尾伞滑刃线虫。

分类地位：滑刃目（Aphelenchida）滑刃科（Aphelenchoididae）伞滑刃属（*Bursaphelenchus*）。

原 产 地：原产北美洲。目前，世界上发生过松材线虫病的国家有美国、加拿大、墨西哥、日本、中国、韩国、葡萄牙、西班牙等，其中日本、中国、韩国病害流行十分严重。

中国分布：

中国自 1982 年在江苏南京首次发现松材线虫病后，逐步向周边省份扩散蔓延。截至 2023 年底，江苏、安徽、广东、山东、浙江、湖北、福建、重庆、广西、江西、湖南、贵州、四川、陕西、河南、辽宁、吉林、甘肃、台湾、香港等地有松材线虫病疫情发生。此外，上海、云南、天津也曾发生过松材线虫病。目前，信阳市新县、商城县为松材线虫病疫区。

识别要点：

雌雄虫都呈蠕虫形，成虫体细长，长 0.7 ~ 0.8 mm；唇区高，和身体连接处有缢缩；口针细长，基部微增厚；中食道卵圆形，瓣膜清晰；食道腺细长叶状，覆盖于肠背面；阴门开口在虫体中后部，上覆以宽的阴门盖。雌虫尾部呈亚圆锥形，末端宽圆，个别具尾尖突。雄虫交合刺大，弓状成对，喙突显著，尾部似鸟爪，向腹面弯曲，尾部生一包裹着的交合伞。

生态学特性：

松材线虫的生活史可分为繁殖周期和分散周期两个生活周期。繁殖周期雌雄虫交尾后产卵，每只雌虫产卵约 100 粒。幼虫共 4 个龄期。25 ℃时 1 个世代 4 ~ 5 天。在生长季节的繁殖周期，可在松树体内连续出现卵、1 ~ 4 龄幼虫和成虫。在自然越冬条件下，停止繁殖发育，形成分散型 3 龄和 4 龄幼虫。低温条件下能够存活 2 ~ 3 个月。分散周期（包括休眠、传播两个阶段）涉及松材线虫的传播，发生在松树及媒介昆虫成虫体内。

入侵危害：

松材线虫是国内外一种重要的森林植物检疫对象，主要危害松属植物，也危害云杉属、冷杉属、落叶松属和雪松属植物。病原线虫扩散型 4 龄幼虫通过松墨天牛、云杉花墨天牛等媒介昆虫携带进入松树木质部，在树脂道中，大量繁殖后遍及全株，造成导管阻塞，植株失水，蒸腾作用降低，树脂分泌急剧减少和停止。在夏秋季针叶失水萎蔫褪绿，变黄色至红褐色，松树整株枯死，且红色针叶当年不脱落，从树干可见大量松墨天牛等媒介昆虫侵害痕迹、羽化孔和蛀屑，病死植株木质部有蓝变现象。松材线虫入侵我国 40 余年来，已经累计致死松树达数十亿株，造成的直接经济损失和间接经济损失达数千亿元，对部分地区造成严重生态灾害，对黄山、泰山、庐山、张家界等著名风景名胜区的松树资源构成了巨大威胁。2010 年 1 月 7 日，松材线虫被列入原环境保护部、中国科学院联合发布的《中国第二批外来入侵物种名单》。2022 年 12 月 20 日，松材线虫被列入农业农村部等六部门共同发布的《重点管理外来入侵物种名录》。

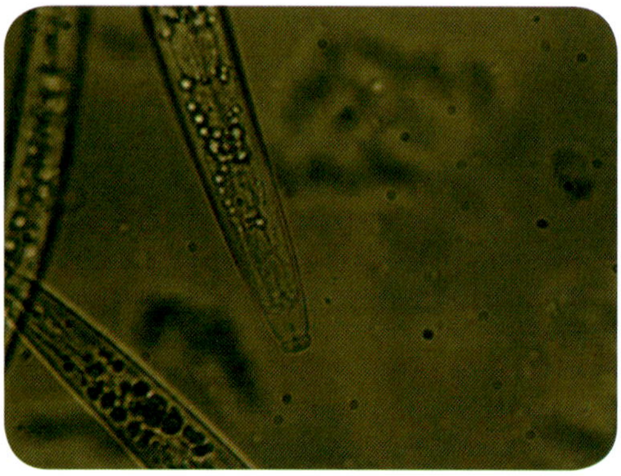

电子显微镜下松材线虫头部（新县提供）

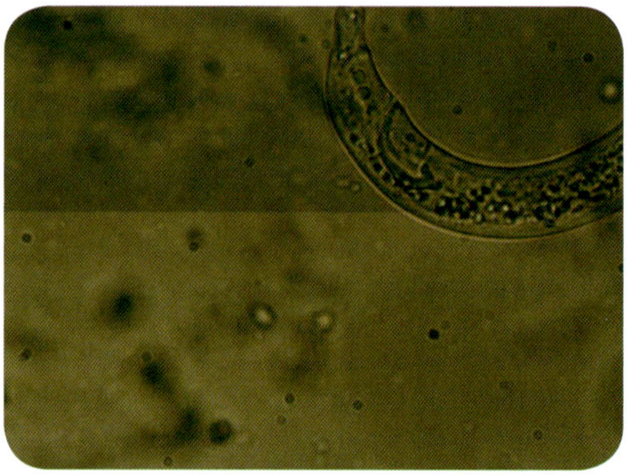

电子显微镜下松材线虫尾部（新县提供）

松材线虫病危害状（马向阳　摄）

媒介昆虫松墨天牛幼虫（马向阳　摄）

松墨天牛蛹（马向阳　摄）

松墨天牛成虫（新县提供）

防控措施：

（1）检疫措施。加强检疫，严防疫区带疫松木及其制品外运；非疫区要严禁带疫松木及其制品流入，发现带疫木材及制品要按相关规定进行除害处理，防止疫情人为扩散传播。

（2）物理防控。在天牛非羽化期，组织人力对疫木进行采伐，对伐桩进行覆膜药物熏蒸处理，或者覆盖钢丝网罩处理；对松材和枝桠就地烧毁，或者就近旋切或粉碎处理。

（3）生物防治。按照相关技术要求，适时在林间施放花绒寄甲、肿腿蜂等寄生性或捕食性天敌昆虫。

（4）化学防治。在天牛成虫羽化期，喷洒噻虫啉、绿色威雷等药剂进行防治。

（5）树干注药预防。对古树名木和重点区域健康松树注射甲维盐、阿维菌素等注干剂进行预防性保护。

第三节 植物病原微生物

板栗疫病菌

病 原 菌：寄生隐丛赤壳菌。

拉丁学名：*Cryphonectria parasitica*（Murr.）Barr.

分类地位：腐皮壳菌目（Diaporthales）黑腐皮壳科（Valsaceae）栗疫属（*Cryphonectria*）。

原 产 地：日本。

中国分布：

辽宁、北京、河北、山东、山西、陕西、河南、安徽、湖北、湖南、江西、江苏、浙江、福建、广东、广西、四川、贵州、云南等地板栗种植区有分布。信阳市浉河区、平桥区、罗山县、光山县、固始县、商城县、新县等县（区）有分布。

板栗疫病危害状（马向阳 摄）

危 害 状：

板栗疫病菌主要危害栗属植物主干及主枝，有时也发生在1～2年生枝条上。发病初期，在树枝干光滑的树皮上形成圆形或不规则形褐色的水渍病斑，病皮稍肿皱，皮层组织腐烂，在粗糙的树皮上病斑不明显。以后病部不断向四周扩展、膨胀，直至包围树干，并向上下扩散。病斑组织初期湿腐，有酒糟味。失水后，病皮干缩纵向开裂。春季，病皮裂缝处产生许多橘红色疣状子座。秋季，子座变为酱红色至褐色。病皮与木质部之间可见有白色至黄褐色的扇状菌丝体。

发病规律：

病原菌以成熟或未成熟的子囊壳、分生孢子器和子座、菌丝方式在树干、枝条和栗实内越冬。初春时，随着降雨释放大量孢子，随风雨、昆虫、鸟类传播。分生孢子和子囊孢子均可从伤口侵入栗树枝干。病菌在林间的传播靠孢子，远距离传播靠带病苗木、接穗和果实的运输。板栗疫病的发生与立地条件、气候、树木生长状况及经营管理等关系密切。土层深厚肥沃、排水良好、经营管理好的板栗园，栗树生长旺盛，抗病能力强，发病少。土层浅，干旱，栗园管理粗放，树势弱，抗病差，发病率高。栗树遭受冻害后，也容易发病感染。成年树较幼树发病率高。

入侵危害：

板栗疫病是一种毁灭性的病害，主要侵染板栗、油栗、茅栗、锥栗等寄主植物的苗木、大树主干及枝条，寄主感病后，病斑迅速包围枝、干，引起烂皮或溃疡，造成树势生长衰弱，果实产量和质量明显下降，严重发生时造成全株枯死甚至成片栗园被毁坏。板栗疫病菌已被河南、河北、湖南等数个省份列为补充检疫性林业有害生物。

防控措施：

（1）检疫措施。加强种苗检疫，发现带有病菌树苗、枝条和果实，立即就地销毁，防止带病苗木、接穗、果实运输到无病区。

（2）营林措施。选育和推广抗病品种。加强栗园管理，增强树体抗病能力。

（3）物理防控。清除病源，对感病树干，于发芽前及时刮除病斑。刮下的树皮和枝条病斑，要集中烧毁。刮除方法：用刮刀将病斑及其周围 0.5 cm 左右的好组织刮去，边缘要平滑，并呈圆弧形。刮净病组织，再涂杀菌剂，可选用 5 波美度石硫合剂，或 70% 多菌灵可湿性粉剂 200 ~ 300 倍液，或 80% 甲基托布津可湿性粉剂 200 ~ 300 倍液及时涂抹伤口，每隔 20 天涂抹 1 次，连续涂抹 3 次。彻底清除重病株及重病枝，及时烧毁，减少病菌侵染来源。

（4）化学防治。春季发芽前，在有病树干和主枝基部涂抹 40% 腐烂敌 50 倍液，或 40% 退菌特 50 倍液，或抗菌剂“402”200 倍液；或用 10% 碱水、0.15% 四霉素 20~50 倍液进行喷雾防治。

松针褐斑病菌

病 原 菌：松针座盘孢菌。

拉丁学名：*Lecanosticta acicola*（Thiim.）Syd.

分类地位：黑盘孢目（Melanconiales）黑盘孢科（Melanconiaceae）褐柱孢属（*Lecanosticta*）。

原 产 地：美国。

中国分布：

目前，安徽、河南、湖北、湖南、江苏、浙江、福建、江西、广东、广西、四川、重庆、云南、海南、台湾等地均有分布。信阳市浉河区、平桥区、罗山县、商城县、新县、固始县等县（区）有分布。

危 害 状：

自树冠基部开始发病，并逐渐向上扩展。病原菌侵染松针后，最初产生褪色小斑点，呈草黄色或淡褐色，多为圆形或近似圆形，后变为褐色，并稍扩大，有时多个病斑汇合而形成褐色段斑。发病重时，在同一针叶上常有多个病斑。病叶明显分为三段不同颜色的段斑，上段变褐色枯死，中段褐色病斑与绿色健康组织相间，下段仍为绿色。当年感病针叶，翌年 5—6 月开始逐渐枯死脱落。新梢嫩叶感病时，常不出现典型病斑，而是针叶先端迅速变褐枯死。

松针褐斑病危害状（商城县提供）

发病规律：

病原菌以菌丝、子实体及分生孢子在病叶中越冬。翌年 3 月下旬当气温高于 12 ℃时，病菌的分生孢子借雨水溅散或风力传播，从针叶的伤口、气孔或直接穿透表皮细胞进入植物组织吸取营养。侵入后潜育期 7 ~ 12 天表现症状，病菌一年中可进行多次再侵染。当温度在 20 ~ 25 ℃，相对湿度 80%，连续多天降雨，病害迅猛发展而流行。头年针叶 4—5 月为第一次发病高峰期，当年新梢针叶则延至 5—6 月达到发病高峰。7—8 月平均气温上升到 27 ℃以上，病害缓慢发展。9—10 月又出现第二次发病高峰，但不如第一次发展迅速，11 月后病害基本停止发展。湿地松、黑松、火炬松和加勒比松为高度感病树种，马尾松抗性较强。

入侵危害：

我国自 1978 年在福建发现以来，已扩散至江西、安徽、河南、湖南、广东、广西、浙江等 10 多个省份的松林，感病植株轻者生长受影响，重者整株枯死，在严重地区还常造成 8 年生以下幼林成片毁灭，曾经在一些地方使湿地松、日本黑松幼林成片毁灭。中国在 1984 年和 1996 年两次将其列入国内森林植物检疫对象名单。

防控措施：

（1）检疫措施。做好松属植物苗木和接穗的检疫工作，严防带病苗木、接穗进入或流出。

（2）营林措施。营造混交林，避免大面积集中连片营造松树纯林。不在松针褐斑病流行地区营造湿地松和火炬松等高度感病的松林。病害发生后，对最初的发病中心，应及时清除病株、病叶或同时进行修枝以清除和减少侵染源，然后喷洒杀菌剂，以控制或消灭病害，防止病害扩散。重病林分应选其他适宜的树种进行更新。造林前，苗木根系用含有效成分 3%～5% 的多菌灵或 5%～8% 的甲基托布津的黏土泥浆打浆。

（3）化学防治。①发病前，用 70% 代森锌可湿性粉剂 500～600 倍液，或 75% 百菌清可湿性粉剂 1 000 倍液 +70% 甲基硫菌灵可湿性粉剂 1 000 倍液进行喷洒预防；发病初期，可交替使用 50% 多锰锌可湿性粉剂 400～600 倍液与 25% 咪鲜胺乳油 500～600 倍液喷洒防治，防止病菌产生抗药性。②苗圃、种子园和幼龄松树可使用 1∶1∶100 的波尔多液，或 70% 多菌灵可湿性粉剂 800～1 000 倍液，或 70% 百菌清可湿性粉剂 800～1 000 倍液喷洒，15 天喷洒 1 次，连续喷洒 2～3 次，效果较好。

第四节　昆　虫

刺槐叶瘿蚊

拉丁学名：*Obolodiplosis robiniae*（Haldemann）

分类地位：双翅目（Diptera）瘿蚊科（Cecidomyiidae）。

原 产 地：北美洲东部地区。

中国分布：

2004 年在河北秦皇岛首次发现。目前，河北、辽宁、吉林、北京、山东、陕西、河南、湖北等地有发生。信阳市浉河区、平桥区、息县、光山县等县（区）有分布。

识别要点：

成虫触角丝状，雌虫 14 节，雄虫 26 节；胸部背面具 3 个纵长形大黑斑，两侧黑斑延伸至胸部后缘，中央纵斑仅达胸中部；前翅透明，密生许多黑色细毛；前翅发达，翅面上覆有很密的黑色绒毛；后翅特化成平衡棒，棒端部显著膨大；雄性腹部背面黑褐色，雌性腹部橘红色，明显较雄性粗壮。幼虫体长 2.8～3.6 mm，纺锤形至长椭圆形，乳白色至淡黄色；前胸腹面中央具 1 呈叉形的剑骨片，褐色。

刺槐叶瘿蚊危害状（平桥区提供）

刺槐叶瘿蚊幼虫（平桥区提供）

生物学特性：

1 年发生多代，有世代重叠现象，以老熟幼虫入土结茧越冬。9 月下旬至 11 月上旬，末代幼虫逐渐老熟，开始自卷叶边缘爬出，陆续坠地入土在浅土层中越冬。成虫有趋光、喜潮湿的习性。温度对刺槐叶瘿蚊发育历期影响显著，春季完成一代繁育需要时间最长，为 30 ~ 45 天，随着温度的升高、湿度增大，各虫态的发育历期明显缩短，夏季完成一代繁育约需 15 天。进入 9 月后，危害明显减轻。

入侵危害：

刺槐叶瘿蚊以幼虫取食刺槐叶片危害，发生量大时，会严重阻碍树木的光合作用，导致树势迅速衰弱，引起天牛、吉丁虫等次期性害虫发生和危害，造成刺槐死亡。危害症状：成虫把卵散产在刺槐小叶背面，幼虫孵化后聚集到叶片背面沿叶缘取食，刺激叶片组织增生肿大，导致叶片沿侧缘向背面纵向皱卷形成虫瘿，幼虫隐藏其中取食危害。

防控措施：

（1）人工防控。苗圃、幼林地刺槐轻度受害时，可采取人工摘除被害叶片，或者剪除被害严重枝条。

（2）物理防控。成虫期，夜晚利用黑光灯诱杀成虫。落叶后及时清扫落叶，集中焚烧或深埋，消灭越冬虫卵。

（3）生物防治。保护和利用天敌昆虫，如刺槐叶瘿蚊广腹细蜂、中华草蛉、瓢虫、螳螂、蜘蛛、扑食螨等对刺槐叶瘿蚊有较好的控制作用。幼虫期，喷洒生物农药进行防治，如 1.2% 苦烟乳油 800 倍液。

（4）化学防治。每年越冬代成虫羽化出土前，用 40% 毒死蜱乳油 500 倍液或 50% 辛硫磷乳油 1 000 倍液进行土壤杀虫。在 4 月下旬成虫羽化期和卵期用 5% 氟铃脲乳油 1 000 倍液，或 4.5% 高效氯氰菊酯乳油 1 500 倍液喷洒叶面，防止虫卵孵化；7—8 月，虫害高发期，选用内吸、高渗特异性杀虫剂 2.5% 溴氰菊酯乳油 3 000 倍液，或 20% 抑食肼悬浮剂 1 000 倍液，或 5% 吡虫啉乳油 2 000 倍液，或 1% 阿维菌素乳油 2 000 倍液叶面喷雾防治。

悬铃木方翅网蝽

拉丁学名：*Corythucha ciliata* Say

中文别名：方翅网蝽。

分类地位：半翅目（Hemiptera）网蝽科（Tingidae）网蝽属（*Corythucha*）。

原 产 地：北美洲的美国、加拿大等地。

中国分布：

2006 年在湖北武汉首次发现。现已扩散至上海、浙江、江苏、重庆、四川、贵阳、河南、山东等地。2016 年传入信阳。目前，信阳市各县（区）均有分布。

识别要点：

成虫虫体乳白色，在两翅基部隆起处的后方有褐色斑；体长 3.2 ~ 3.7 mm，头兜发达，盔状，头兜的高度较中纵脊稍高；头兜、侧背板、中纵脊和前翅表面的网肋上密生小刺，侧背板和前翅外缘的刺列十分明显；前翅显著超过腹部末端，静止时前翅近长方形；触角 4 节。复眼突出，喙伸达后胸腹板中部。受害叶片正面形成许多密集的白色斑点，叶背面出现锈色斑。

悬铃木方翅网蝽危害状（淮滨县提供）

悬铃木方翅网蝽若虫（淮滨县提供）

生物学特性：

一年发生多代，世代重叠，以成虫在树皮下或树皮裂缝内、地面枯枝落叶中越冬。翌年 4 月中下旬，越冬成虫开始在悬铃木下层叶片背面取食活动。在补充适量营养后进行交配、产卵，卵多产于叶背主脉与侧脉交叉处的叶肉组织内。1 ~ 2 龄若虫爬行能力很弱，喜群集于叶背的主脉或侧脉两侧危害；3 龄若虫爬行能力稍强；当若虫发育至 4、5 龄期时开始分散危害。整个危害期可持续到 11 月上旬，其中 6 月中下旬至 7 月中旬、8 月中下旬为全年危害高峰期。具有较强的耐寒性，能够抵御 −23.3 ℃的低温。温暖干燥的天气有利于其发生和危害。

入侵危害：

该虫主要危害悬铃木属植物，被认为是具有危害潜能的危险入侵物种。其危害性表现为：①成虫和若虫以刺吸寄主树木叶片汁液直接危害。通常于悬铃木树冠底层叶片背面吸食汁液，最初造成黄白色斑点和叶片失绿，严重时叶片由叶脉开始干枯至整叶萎黄、青黑及坏死，抑制寄主植物的光合作用，从而造成树木提前落叶、树木生长中断、树势衰弱甚至死亡。②该害虫是悬铃木叶枯病菌（*Gnomonia platani*）和甘薯长喙壳菌（*Ceratocystis fimbriata* Ellis. et Halsted）的传播介质，而这 2 种病原菌能降低悬铃木树势并导致其死亡。③严重发生时，造成叶片枯黄脱落，严重影响景观效果。2007 年 3 月，悬铃木方翅网蝽被原国家林业局外来有害生物管理办公室公布为中度危险性林业有害生物。

防控措施：

（1）检疫措施。加强检疫工作，限制从悬铃木方翅网蝽疫区调入悬铃木属植物，对来自非疫区的悬铃木属的苗木、大树等做好复检工作，一旦发现疫情，立即进行除害处理。

（2）营林措施。适时修剪可减少发生世代数。经常修剪的悬铃木在春季和夏季都会萌发新叶并形成旺长枝。

（3）物理防控。秋冬季刮除疏松树皮并收集销毁落叶，减少越冬成虫。秋季采用树冠冲刷的方法来减少越冬虫量。

（4）化学防治。在发生期，对树冠喷施 10% 吡虫啉可湿性粉剂 600 ~ 800 倍液，或 40% 氧化乐果乳油 800 ~ 1 000 倍液，或 48% 毒死蜱乳油 800 ~ 1 000 倍液喷雾，间隔 7 ~ 10 天 1 次，根据危害程度连喷 2 ~ 3 次；也可树干注射杀虫霜或吡虫啉等药剂防治。

美国白蛾

拉丁学名：*Hyphantria cunea*（Drury）

中文别名：秋幕毛虫、秋幕蛾、美国白灯蛾。

分类地位：鳞翅目（Lepidoptera）灯蛾科（Arctiidae）白蛾属（*Hyphantria*）。

原 产 地：北美洲。

中国分布：

1979 年 6 月首次在辽宁省丹东地区发现。目前，国内分布于吉林、辽宁、北京、天津、河北、内蒙古、山东、江苏、河南、安徽、湖北、上海、浙江等 13 个省（区、市）。2008 年美国白蛾由山东省聊城市传入河南省濮阳市台前县。目前，河南郑州、开封、安阳、鹤壁、新乡、濮阳、平顶山、漯河、许昌、商丘、周口、信阳、驻马店等市有分布。2014 年美国白蛾由安徽省阜南县传入信阳市淮滨县，2016 年扩散至信阳市各县（区）。经过多年持续不懈的防治，至 2023 年底信阳全市难见美国白蛾踪迹。

识别要点：

成虫白色，体长 12 ~ 15 mm；雄虫触角双栉齿状，越冬代前翅上有几个黑褐色斑点；雌虫触角锯齿状，前翅纯白色；成虫前足基节及腿节端部为橘黄色，胫节和跗节外侧为黑色，内侧为白色。卵球形。幼虫体色变化很大，根据头部色泽分为红头型和黑头型两类；体细长，圆筒形，背部有 1 条黑色宽纵带，各体节毛瘤发达，毛瘤上着生白色或灰白色长毛，背部毛瘤黑色，体侧毛瘤多为橘黄色；腹面黄褐色或浅灰色。蛹长纺锤形，暗红褐色。茧褐色或暗红色，由稀疏的丝混杂幼虫体毛组成。

美国白蛾危害状（马向阳 摄）

美国白蛾成虫及卵（马向阳 摄）

美国白蛾幼虫（马向阳 摄）

美国白蛾蛹（淮滨县提供）

生物学特性：

信阳 1 年发生 3 代，以蛹在枯枝落叶、树皮、树洞或隐蔽场所越冬，直到翌年 4 月中旬。幼虫有吐丝结网的习性，第 1 代幼虫网幕较低，主要在树冠中下部，第 2、3 代幼虫网幕逐渐上移，多在树冠中上部。3 龄前幼虫在网幕内取食叶肉，仅留叶脉。3 龄以后破网取食，5 龄以后进入暴食期，食叶呈缺刻和孔洞，严重时把整株树叶吃光，然后转移危害。第 1 代发生相对整齐，以后各代发生不整齐，世代重叠严重。成虫有趋光性和趋味性，对腥臭味比较敏感，一般在树木稀疏、光照条件好的道路、绿化带、院落及有灯光或腥臭味的村庄、养殖场等区域的树木危害较重。

入侵危害：

美国白蛾食性杂，食量大，繁殖力强，扩散速度快，对我国农业、林果业构成了严重威胁。其危害性表现为：①危害农林业生产。美国白蛾食性杂，可危害果树、花卉、粮食作物和蔬菜等370多种植物；繁殖量大，一头雌蛾一次可产卵800～2 000粒，年平均繁殖后代3 000万头，最多可达2亿头以上；食量大，严重暴发时可在一夜之间吃光一片林子，造成部分枝条甚至整株死亡，严重威胁农业、养蚕业、林果业生产，造成重大经济损失和生态灾害。②生存能力强。幼虫有极强的耐饥饿能力，15天不取食仍可正常繁殖、危害；适生区广，适生北纬19°～55°的广大区域，仅从纬度上来看，我国均处于其适生区内。③破坏生态景观。若在风景区、林荫道、城市周边严重发生，可将全株树叶食光，树上挂满白色网幕，使绿化景观受到严重破坏，易引发社会舆情。④传播途径多。一年四季均可随各种货物、交通工具等进行远距离传播，还可通过成虫迁飞进行自然扩散。2003年1月10日，美国白蛾被列入原国家环境保护总局、中国科学院联合发布的《中国第一批外来入侵物种名单》。2022年12月20日，美国白蛾被列入农业农村部等六部门共同发布的《重点管理外来入侵物种名录》。

防控措施：

（1）检疫措施。加强疫情源头管控，做好疫区外运植物及产品的检疫工作。抓好外地调入植物种苗及其产品复检，发现带疫种苗、产品，及时进行除害处理。

（2）物理防控。卵期，人工摘除带卵的叶片，集中销毁或深埋处理。幼虫期，根据美国白蛾3龄前幼虫吐丝结网取食的特性，可采取人工剪除网幕就地销毁。蛹期，用麦秸、谷草等在树干1～1.5 m高处围成下紧上松的草把，诱集老熟幼虫在其中化蛹，并集中销毁。晚秋、初春季节，组织人力挖越冬蛹并集中消灭。成虫期，利用其成虫的趋光性，用杀虫灯进行诱杀，以减少成虫交尾和产卵。

（3）生物防治。①在美国白蛾老熟幼虫期至蛹期，释放周氏啮小蜂进行防治。②应用微生物制剂防治，如每亩用100 mL的8 000 IU/μL苏云金杆菌悬浮剂，兑水稀释后采用飞机低容量喷雾或者人工地面喷雾；应用球孢白僵菌400亿孢/g可湿性粉剂1 500～2 500倍液进行叶面喷雾。③应用仿生药剂防治，主要有杀铃脲、除虫脲、氟虫脲、虫酰肼、灭幼脲等，如对4龄前幼虫可使用20%虫酰肼悬浮剂2 000倍液，或20%杀铃脲悬浮剂8 000倍液，或20%氯虫苯甲酰胺悬浮剂150 g/hm^{2}稀释后进行航空喷洒防治。④应用植物源农药防治，主要有烟参碱、苦参碱、烟碱·苦参碱、印楝素等，如使用1.2%烟参碱乳油1 000～2 000倍液进行喷雾防治。⑤在轻度发生区成虫期，应用美国白蛾性信息素诱杀雄性成虫。

（4）化学防治。幼虫期，喷洒2.5%溴氰菊酯乳油2 500倍液，或5% S-氰氰菊酯4 000倍液，或4.5%高效氯氰菊酯1 000～1 500倍液进行防治。

第五节 水生无脊椎动物

克氏原螯虾

拉丁学名：*Procambarus clarkii*

中文别名：小龙虾、红螯虾、淡水小龙虾、喇蛄、红色沼泽虾。

分类地位：十足目（Decapoda）美螯虾科（Cambaridae）原螯虾属（*Procambarus*）。

原 产 地：墨西哥北部和美国中南部。

中国分布：

20世纪20—30年代，由日本传入中国。目前，其分布范围已经扩展至全国大部分省份，主要集中于长江流域。信阳市各县（区）均有分布。

识别要点：

身体由头胸部和腹部两部分组成。头部和胸部合并在一起，共同构成头胸部，外部被坚硬的头胸甲克所覆盖。头部5节，胸部8节。头部具额剑，有1对复眼，2对触角；胸部有5对步足，前3对钳状，第1对大螯状，腹部具6对跗肢，1对尾节。雄性前2对腹肢变为管状交接器，雌性第1对腹肢退化。成熟个体体色呈暗红色或深红色，未成熟个体体色可见淡褐色、红褐色不等，少数个体呈蓝色。

克氏原螯虾（马向阳 摄）

生物学特性：

环境适应能力强，能耐受0～37 ℃的气温，能在各种水体中生存。水体缺氧时，可上岸或借助漂浮物侧卧于水面呼吸空气，潮湿环境中可离水存活1周，也能在污水中生活。具有掘洞习性，领域行为强，具侵略性。昼伏夜出，喜在夜晚活动，不喜欢强光。具有护幼习性,幼体蜕皮 3 次后才离开母虾。杂食性,食谱广泛,主要以水生植物为主食,也吃一些动物性食物。能够摄食各种嫩的水草、底栖动物、软体动物、大型浮游植物、鱼虾的尸体以及同类的尸体,在养殖条件下,也喜欢吃人工配制的饲料。喜欢阴暗的环境,常栖息于沟渠、坑塘、湖泊、水库、稻田等水域,营底栖生活。

入侵危害:

克氏原螯虾具有较高的生态可塑性,对新的栖息地具有很高的适应能力,其入侵对当地生态系统和本土物种构成了严重威胁。其入侵危害性表现为:①通过抢夺生存资源和捕食本地动植物,对当地的甲壳类、鱼类和水生植物造成威胁,破坏了食物链,导致湿地生态系统的生境质量下降。②克氏原螯虾可能携带和传播病原体,对土著物种造成危害。③克氏原螯虾喜欢掘洞筑巢,对泥质堤坝造成一定的破坏,严重情况下可能引发决堤和洪涝等灾害。2010 年 1 月 7 日,克氏原螯虾被列入原环境保护部、中国科学院联合发布的《中国第二批外来入侵物种名单》。

防控措施:

(1)加强管理。在尚未引种的地区,应进行环境风险评估和早期预警,加强对已广泛分布地区的养殖管理。

(2)物理防控。投放杂鱼来捕食克氏原螯虾的幼苗,以减少其数量。通过大量捕获克氏原螯虾作为食用或饲料,也可以在一定程度上抑制其野生种群的过度增长,以避免对农田和河堤等造成危害。

(3)化学防治。对发生区域的池塘、农田等,每年放干水后,用生石灰进行处理;或使用杀虫剂进行防除。

福寿螺

拉丁学名:*Pomacea canaliculata*(Lamarck)

中文别名:大瓶螺、苹果螺、雪螺。

分类地位:中腹足目(Mesogastropoda)瓶螺科(Ampullariidae)瓶螺属(*Pomacea*)。

原 产 地:南美洲亚马孙河流域。

中国分布:

目前,我国广东、广西、云南、福建、四川、江苏、浙江、湖南、湖北、河南、台湾等地有分布。河南信阳、驻马店、南阳有发现。信阳市各县(区)有分布。

识别要点:

贝壳较薄,卵圆形;淡绿橄榄色至黄褐色,表面光滑。壳顶尖,具 5 ~ 6 个增长迅速的螺层。螺旋部短圆锥形,体螺层占壳高的 5/6。缝合线深。壳口阔且连续,高度占壳高的 2/3;胼胝部薄,蓝灰色。壳脐深而宽。厣角质,卵圆形,具同心圆的生长线。厣核近内唇轴缘。爬行时头部和腹足伸出。头部有 2 对触角,前触角短,后触角长,后触角的基部外侧各有一只眼睛。

福寿螺卵（淮滨县提供）

福寿螺成螺（淮滨县提供）

生物学特性：

喜阴湿，具有避光性，夜间和阴天活跃，常栖于缓流河川及阴湿通气的沟渠、溪河及水田等处。底栖性，雌雄异体。食性杂。有蛰伏和冬眠习性，通过蛰伏和冬眠的方式来抵御高温和严寒；当温度、水分条件适宜时，福寿螺可全年活动，无休眠期。3 月上旬开始交配，在近水的挺水植物茎上或岸壁上产卵，初产卵块呈鲜艳的橙红色，在空气中卵渐成浅粉色。生存能力很强，能够通过鳃、气管、肺囊实现水体和陆地不同生境的转换，可在干旱季节埋藏在湿润的泥中度过 6～8 个月。一旦发洪水或被灌溉时，它们又能再次活跃起来。野外福寿螺钻入泥土、水草丛、枯枝烂叶之中进行越冬。

入侵危害：

作为高蛋白食物最先被引入台湾；1981 年引入广东，1984 年前后，已在广东省作为特种经济动物广为养殖，后又被引入到其他省份养殖。但由于养殖过度，口味不佳，市场并不好，而被大量遗弃或逃逸，并很快从农田扩散到天然湿地。其危害性表现为：①危害农业生产。福寿螺对水稻、莲、茭白、芋头、荸荠、菱角、芡实等水生作物危害很大，对水稻危害尤为严重，几乎在水稻的整个生育期都会产生危害，幼苗到分蘖期为主害期，幼螺和成螺会咬食水稻叶及分蘖，使水稻因为分蘖降低而减少了有效穗，造成水稻产量大幅下降。②威胁生态安全。福寿螺繁殖能力很强，1 年可发生 2～3 代，年产卵量 3 万～5 万粒，可以迅速扩散，而且它食性杂，威胁入侵地的水生贝类、水生植物和破坏食物链构成，一旦暴发会破坏周边的生态系统，影响水生生物多样性。③污染水体。福寿螺食量极大，并可啃食很粗糙的植物，还能刮食藻类，其排泄物能污染水体。④危害人体健康。福寿螺体内携带有卷棘口吸虫（*Echinostoma revolutum*）、广州管圆线虫

（*Angiostrongylus cantonensis*）等寄生虫，如果没有完全煮熟，人吃后寄生虫就容易进入人体，可能会破坏神经组织，导致头痛、呕吐，甚至出现精神异常等症状，严重者会导致痴呆甚至死亡。2003 年 1 月 10 日，福寿螺被列入原国家环境保护总局、中国科学院联合发布的《中国第一批外来入侵物种名单》。2022 年 12 月 20 日，福寿螺被列入农业农村部等六部门共同发布的《重点管理外来入侵物种名录》。

防控措施：

（1）农业措施。实行水旱轮作，水稻收割后种植一季油菜或小麦，旱作期 1 个月以上可以有效杀灭田间残留福寿螺。适时排水晒田，降低幼螺存活率。冬季整修沟渠，清理淤泥，铲除杂草，破坏福寿螺的越冬场所，减少冬后残螺量。

（2）人工防控。集中捡拾稻田内成螺，摘除秧苗上、稻田周边沟渠、杂草上附着的螺卵，集中销毁。稻田中插入高度为 100 ~ 150 cm 的竹片、木条等引诱福寿螺产卵，密度为 30 根 / 亩左右，靠近田边、水沟边适当多插，每隔 2 ~ 3 天摘除卵块集中销毁。

（3）物理防控。在农田灌溉和河道开闸上严格把好进排水关，设置拦截网，避免因灌溉或进水时外河中的福寿螺进入。

（4）生物防治。在河道、池塘中适度投放本地鲤鱼、青鱼、河蟹、中华鳖等，对福寿螺种群有控制作用。水稻移栽后 10 天左右至孕穗末期，每天可早晚放一次鸭群至稻田及附近水渠中啄食福寿螺。

（5）化学防治。当稻田内福寿螺密度超过 3 只 /m^2 时，可施用 6% 四聚乙醛颗粒剂，每亩用药 0.5 kg 左右，田间均匀施撒或拌细土 10 kg 左右施撒。在水稻移栽前 7 天，每亩撒石灰 25 kg，或移栽前 3 天每亩用 100 mL 的 5% 阿维菌素乳油兑水 15 kg 稀释喷雾防治，施药后保持浅水 3 ~ 7 天。

第三章　信阳市林业外来入侵物种风险评估

第一节　风险评估的意义

一、外来入侵物种风险评估

外来入侵物种风险评估是对外来物种引进过程中产生的不确定事件进行识别、评估和处理，以最小的管理成本将各种不利后果减少到最低程度的科学管理技术，也是管理外来入侵物种、防治外来物种入侵的重要方法。

外来入侵物种风险评估分风险识别、风险评估和风险管理 3 个阶段。风险识别是在引入外来入侵物种时对其本身特性，如种类、习性、原产地、分布现状及分布区类型进行识别分析。风险评估是风险防控的关键，通过构建风险评估体系，采用外来物种划分风险等级等评估方法，结合我国自然环境特性，对引入我国的外来物种可能引起的生态、经济和社会的影响进行评估。风险管理是基于风险评估结果中的潜在影响，衡量外来物种安全、经济价值与潜在风险之间的关系，做好对外来入侵物种的管理及相应的防治措施，尽可能降低危害。

外来入侵物种风险评估是外来入侵物种防控体系中不可或缺的重要环节。过去，由于缺乏对外来物种的风险评估，出于生物控制、生态恢复或审美需要，以及丰富本地动植物物种库的需要或者其他经济考量的盲目引种行为，给自然环境造成了一系列生态灾难。为此，我国制定了许多有关外来物种风险评估的法律条例与政策规定，并设立了专门的职能机构。2002 年，国家质检总局颁布了《进境植物和植物产品风险分析管理规定》和《进境动物和动物产品风险分析管理规定》，对进境动植物及各种检疫性有害生物的风险分析作了系统规定。《中华人民共和国生物安全法》明确规定“为确定监督管理的重点领域、重点项目，制定、调整生物安全相关名录或者清单”，“有关部门应当及时开展生物安全风险调查评估，依法采取必要的风险防控措施”。《外来入侵物种管理办法》第十八条也明确规定：“省级以上人民政府农业农村、自然资源（海洋）、生态环境、林业草原等主管部门和海关应当加强外来入侵物种监测信息共享，分析研判外来入侵物种发生、扩散趋势，评估危害风险，及时发布预警预报，提出应对措施，指导开展防控。”

二、外来入侵物种风险评估的意义

我国在防控外来物种入侵方面存在着能力严重不足的现实问题，特别是对不少外来入侵生物还缺乏科学、规范、全面的风险分析结果，难以适应外来入侵物种防治与管理工作的需要。因此，开展重要外来入侵生物的风险评估十分迫切，这是保障国家生态安全和农业生产安全，应对发达国家技术壁垒，实现社会稳定和经济可持续发展的客观要求。

（一）识别潜在风险

风险评估可以帮助人们识别潜在的高风险入侵物种，为早期预警和预防提供依据。通过科学评估，可以识别哪些外来物种可能对本地生态系统、农业、经济或人类健康构成威胁，有助于在入侵物种尚未广泛扩散之前，提供早期预警信号，从而为及时采取预防措施争取时间。基于评估结果，可以制定有针对性的预防措施，如加强边境检疫、限制特定物种的引入或贸易等。

（二）支持科学决策

风险评估结果可以为制定防控策略提供科学依据，提高防控措施的针对性和有效性。评估不同入侵物种的风险等级，可以优化资源配置，将有限的防控资源集中在高风险物种上。尤其是区分高风险和低风险物种，可以避免将资源浪费在威胁较小的物种上，集中力量应对最紧迫的威胁。定期的风险评估可以监测入侵物种的动态变化，及时调整防控策略。随着环境变化和新信息的获取，风险评估不断更新，帮助调整资源配置，确保防控工作始终聚焦于最关键的威胁。

（三）避免经济损失

通过定性和定量方法，分析风险发生的可能性及其可能造成的损失或影响。风险评估能够帮助识别哪些物种可能对生态系统、农业、经济或人类健康造成最大危害，从而优先对这些高风险物种采取防控措施，最大限度地减少其对生态系统和经济的破坏，降低长期治理成本。

第二节　风险评估方法

为进一步规范林草外来入侵物种的风险评估工作，2023 年 3 月，国家林业和草原局野生动植物保护司印发了《关于进一步推进林草外来入侵物种普查工作的函》（护综函〔2023〕31 号），建立了国家森林、草原、湿地生态系统外来入侵物种风险评估指标体系（见表 3-1）和外来入侵物种风险等级划分标准。其中，一级指标 4 项，二级指标 14 项，每项二级指标包括 3~4 项三级指标，具体评估模型如下：

$$P=(P_1 \times P_2 \times P_3 \times P_4)^{1/4}$$

其中：

$$P_1=0.3 \times P_{11}+0.3 \times P_{12}+0.2 \times P_{13}+0.2 \times P_{14}$$

$$P_2=(P_{21} \times P_{22} \times P_{23} \times P_{24})^{1/4}$$

$$P_3=\max(P_{31}, P_{32}, P_{33})$$

$$P_4=(P_{41}+P_{42}+P_{43})/3$$

根据风险评估值 P 划分为 3 个等级：一级为高危险（$2.8 \leqslant P \leqslant 4$），二级为中风险（$1.2 \leqslant P < 2.8$），三级为低风险（$0 \leqslant P < 1.2$）。

表 3-1 森林、草原、湿地生态系统外来入侵物种风险评估指标体系

一级指标（准则层）	二级指标（指标层）	具体参数和赋分区间 （具体评估指标）	评估分析（赋分理由）	评估结果（赋分）	数据来源
P_1 传入定殖风险	P_{11} 环境因子适宜度	评估区域气候环境，水环境的适宜度低（0 ~ 1）； 评估区域气候环境，水环境的适宜度一般（1 ~ 3）； 评估区域气候环境，水环境的适宜度高（3 ~ 4）。 （注：气候因子包括温度、湿度、光照、降水等，水生生物还需考虑水环境）			需要了解当地气候情况
	P_{12} 食物（基质）因子适宜度	评估区域的动物食料 / 昆虫、微生物寄主 / 土壤对植物生存适合度低（0 ~ 1）； 评估区域的动物食料 / 昆虫、微生物寄主 / 土壤对植物生存适合度一般（1 ~ 3）； 评估区域的动物食料 / 昆虫、微生物寄主 / 土壤对植物生存适合度高（3 ~ 4）。 （注：主要考虑病虫寄主和动物食料种类、数量、分布范围，以及区域内土壤的适宜度或适宜植物生存的土壤分布范围）			普查数据（寄主）及其延伸
	P_{13} 生长繁殖特性	繁殖能力弱（0 ~ 1）； 繁殖能力一般（1 ~ 3）； 繁殖能力强（3 ~ 4）。 （注：繁殖能力综合考虑繁殖方式（有性、无性等）、产卵数量、生长周期等）			需要掌握物种特性
	P_{14} 天敌情况	天敌控制能力强（0 ~ 1）； 无有效天敌（3 ~ 4）； 其他介于二者之间，根据天敌的具体情况打分（1 ~ 3）			
P_2 扩散风险	P_{21} 分布情况	分布范围（按分布的县级区划占被风险评估区域内所有县级行政区数量的百分比计算）： < 2%（0 ~ 1）； 2% ~ 20%（1 ~ 3）； > 20%（3 ~ 4）			普查数据（分布范围）
	P_{22} 现有管理措施	没有相应的管理措施或管理办法（0 ~ 1）； 被省级列为检疫或重点管理对象（1 ~ 3）； 被国家列为检疫或重点管理对象（3 ~ 4）			
	P_{23} 传播扩散能力	仅能通过自然传播方式进行短距离传播扩散或迁徙（0 ~ 1）； 仅可通过人为活动进行传播（1 ~ 3）； 可以通过自然传播方式，以及生物携带，运输工具、包装携带等人力传播方式进行传播扩散（3 ~ 4）			普查数据（传播途径）

续表 3-1

一级指标（准则层）	二级指标（指标层）	具体参数和赋分区间 （具体评估指标）	评估分析（赋分理由）	评估结果（赋分）	数据来源
	P_{24} 适生范围	评估区域内适生地区占评估区域的比例： ＜2%（0～1）； 2%～35%（1～3）； ＞35%（3～4）。 ［注：适生范围按县级行政区划数量（或按面积）计算］			
P_3 潜在危害与影响	P_{31} 对社会经济的影响	未造成明显经济损失（0～1）； 已对当地造成较大经济损失（1～3）； 已在分布地区造成了极大的经济损失（3～4）。 （注：造成的经济损失包括树木死亡、对林草产业和畜牧业的影响、对社会经济的影响等）			普查数据（危害程度）
	P_{32} 对生态环境的影响	只危害森林、草原、湿地生态系统类型中的 1 种（0～1）； 危害森林、草原、湿地生态系统类型中的 2 种（1～3）； 对森林、草原、湿地 3 种生态系统类型都有危害（3～4）			普查数据（生态系统类型）
	P_{33} 危害对象重要程度	危害对象经济价值低，对社会和生态环境的影响小（0～1）； 危害对象经济价值，以及对社会和生态环境的影响一般（1～3）； 危害对象经济价值高，对社会和生态环境的影响大（3～4）。 （注：昆虫、病原微生物、线虫分析危害的寄主经济价值和对当地社会生态环境的危害；动物分析其食料的经济价值和对当地社会生态环境的危害；植物分析对当地社会和生态环境造成的危害）			普查数据结合平时掌握的基本情况
P_4 危害控制	P_{41} 检验鉴定识别难度	检验方法可靠、快捷（0～1）； 现有检验方法可靠性很差，花费时间长（3～4）； 其他介于二者之间，根据物种具体情况打分（1～3）			结合普查工作经验
	P_{42} 监测调查难度	监测方法简单，易于掌握种群发生发展动态、危害的趋势等（0～1）； 监测调查难度大（3～4）； 其他介于二者之间，根据物种具体情况打分（1～3）			结合普查工作经验
	P_{43} 控制管理难度	现有防治方法简单有效，控制率 85%以上（0～1）； 现有防治方法控制率一般，30%～85%（1～3）； 现有防治方法复杂，控制率较低，在 30%以下（3～4）			

第三节　风险性分析评估

一、总体分析

结合此次信阳市入侵物种种类的普查数据和日常监测数据，选取了松材线虫、美国白蛾、悬铃木方翅网蝽、刺槐叶瘿蚊、凤眼莲、豚草、空心莲子草、刺苋、加拿大一枝黄花、土荆芥、粉绿狐尾藻、大薸、福寿螺、板栗疫病菌、毒莴苣、垂序商陆、月见草和一年蓬等18种入侵物种开展风险分析评估。这18种外来入侵物种在普查国家级重点和省级重点物种名录中，且在信阳市全部或者多数县（区）有发生或有入侵趋势或潜在危害性较大。根据国家下发的森林、草原、湿地生态系统外来入侵物种风险评估指标体系，对这些物种进行风险值评估和风险等级划分，具体结果见表3-2、表3-3。

由表3-2可知，信阳市松材线虫、板栗疫病菌、美国白蛾、一年蓬、空心莲子草、垂序商陆和加拿大一枝黄花等7种风险等级属于一级，为高危险，需要采取严格的措施加强管理。信阳市应重点关注该物种的发生危害情况，并组织对其进行控制；其余11种外来入侵物种风险等级属于二级，为中风险，应采取措施防范风险，有分布区域的防控机构应组织对其发生危害情况进行监测。

表3-2　信阳市森林、草原、湿地生态系统重点外来入侵物种风险评估

一级指标（准则层）	二级指标（指标层）	松材线虫	美国白蛾	悬铃木方翅网蝽	刺槐叶瘿蚊	凤眼莲	豚草	空心莲子草	刺苋	大薸	加拿大一枝黄花	土荆芥	粉绿狐尾藻	福寿螺	板栗疫病菌	毒莴苣	垂序商陆	月见草	一年蓬
P_1 传入定殖风险	P_{11} 环境因子适宜度	3	4	3	3	3	4	4	3	3	3	3	3	4	3	3	4	3	4
	P_{12} 食物（基质）因子适宜度	2	4	1	1	2	3	4	2	2	3	3	1	2	2	3	4	2	4
	P_{13} 生长繁殖特性	3	4	3	3	3	3	4	3	3	4	3	2	3	3	3	3	2	4
	P_{14} 天敌情况	4	2	3	3	3	3	2	2	3	3	2	3	3	4	3	3	3	3
	P_1	2.9	3.6	2.4	2.4	2.7	3.3	3.6	2.5	2.7	3.2	2.8	2.2	3	2.9	3	3.6	2.5	3.8

续表 3-2

一级指标（准则层）	二级指标（指标层）	松材线虫	美国白蛾	悬铃木方翅网蝽	刺槐叶瘿蚊	凤眼莲	豚草	空心莲子草	刺苋	大薸	加拿大一枝黄花	土荆芥	粉绿狐尾藻	福寿螺	板栗疫病菌	毒莴苣	垂序商陆	月见草	一年蓬
P_2 扩散风险	P_{21} 分布情况	4	1	4	3	3	3	4	3	1	4	4	1	4	3	3	4	3	4
	P_{22} 现有管理措施	4	4	4	4	4	4	4	4	4	4	4	4	4	3	3	3	3	3
	P_{23} 传播扩散能力	3	4	3	3	3	3	3	2	3	4	3	3	3	3	3	3	2	4
	P_{24} 适生范围	3	4	4	4	4	4	4	4	4	4	4	4	3	3	4	4	4	4
	P_2	3.46	2.82	3.72	3.46	3.46	3.46	3.72	3.13	2.63	4	3.72	2.63	3.46	3	3.22	3.46	2.91	3.72
P_3 潜在危害与影响	P_{31} 对社会经济的影响	4	3	2	1	1	2	2	1	1	2	2	1	1	3	1	3	1	1
	P_{32} 对生态环境的影响	1	1	1	1	1	2	3	2	1	2	1	1	1	1	2	4	1	3
	P_{33} 危害对象重要程度	4	4	3	1	3	3	3	2	3	3	2	3	2	4	2	2	3	2
	P_3	4	4	3	1	3	3	3	2	3	3	2	3	2	4	2	4	3	3
P_4 危害控制	P_{41} 检验鉴定识别难度	3	1	1	1	1	2	1	1	1	2	1	1	1	2	1	1	1	1
	P_{42} 监测调查难度	3	3	2	2	2	1	1	1	2	1	1	2	1	2	1	1	1	1
	P_{43} 控制管理难度	4	2	2	1	2	2	3	2	2	2	2	2	2	4	2	2	2	3
	P_4	3.33	2	1.67	1.33	1.67	1.67	1.67	1.33	1.67	1.67	1.33	1.67	1.33	2.67	1.33	1.33	1.33	1.67
综合评估	P	3.40	3.00	2.59	1.82	2.62	2.75	2.86	2.14	2.44	2.83	2.30	2.32	2.33	3.10	2.25	2.86	2.32	2.90

表 3-3　信阳市森林、草原、湿地生态系统重点外来入侵物种风险等级划分

物种名称	风险等级	风险水平	评估值	风险等级意义	管理策略
松材线虫	一级	高危险	3.40	风险高	采取严格的措施加强管理。国家应重点关注该物种的发生危害情况，并组织对其进行控制
板栗疫病菌	一级	高危险	3.10	风险高	采取严格的措施加强管理。国家应重点关注该物种的发生危害情况，并组织对其进行控制
美国白蛾	一级	高危险	3.00	风险高	采取严格的措施加强管理。国家应重点关注该物种的发生危害情况，并组织对其进行控制
一年蓬	一级	高危险	2.90	风险高	采取严格的措施加强管理。国家应重点关注该物种的发生危害情况，并组织对其进行控制
空心莲子草	一级	高危险	2.86	风险高	采取严格的措施加强管理。国家应重点关注该物种的发生危害情况，并组织对其进行控制
垂序商陆	一级	高危险	2.86	风险高	采取严格的措施加强管理。国家应重点关注该物种的发生危害情况，并组织对其进行控制
加拿大一枝黄花	一级	高危险	2.83	风险高	采取严格的措施加强管理。国家应重点关注该物种的发生危害情况，并组织对其进行控制
豚草	二级	中风险	2.75	风险中等	应采取措施防范风险，分布区域的省级防控机构应组织对其发生危害情况进行监测
凤眼莲	二级	中风险	2.62	风险中等	应采取措施防范风险，分布区域的省级防控机构应组织对其发生危害情况进行监测
悬铃木方翅网蝽	二级	中风险	2.59	风险中等	应采取措施防范风险，分布区域的省级防控机构应组织对其发生危害情况进行监测
大薸	二级	中风险	2.44	风险中等	应采取措施防范风险，分布区域的省级防控机构应组织对其发生危害情况进行监测
福寿螺	二级	中风险	2.33	风险中等	应采取措施防范风险，分布区域的省级防控机构应组织对其发生危害情况进行监测

续表 3-3

物种名称	风险等级	风险水平	评估值	风险等级意义	管理策略
月见草	二级	中风险	2.32	风险中等	应采取措施防范风险，分布区域的省级防控机构应组织对其发生危害情况进行监测
粉绿狐尾藻	二级	中风险	2.32	风险中等	应采取措施防范风险，分布区域的省级防控机构应组织对其发生危害情况进行监测
土荆芥	二级	中风险	2.30	风险中等	应采取措施防范风险，分布区域的省级防控机构应组织对其发生危害情况进行监测
毒莴苣	二级	中风险	2.25	风险中等	应采取措施防范风险，分布区域的省级防控机构应组织对其发生危害情况进行监测
刺苋	二级	中风险	2.14	风险中等	应采取措施防范风险，分布区域的省级防控机构应组织对其发生危害情况进行监测
刺槐叶瘿蚊	二级	中风险	1.82	风险中等	应采取措施防范风险，分布区域的省级防控机构应组织对其发生危害情况进行监测

二、重点外来入侵物种风险

（一）松材线虫

1. 定性分析

（1）传入定殖风险分析。信阳市松林面积超过 210 万亩，松材线虫病已在信阳市发生 10 余年而未能拔除疫情，对信阳市气候环境适应性强，病原线虫繁殖能力强且没有有效天敌。

（2）扩散蔓延风险分析。信阳市新县、商城县是松材线虫病疫区，固始县、罗山县和光山县等 3 个县曾是松材线虫病疫区，所有有松林分布的县（区）都是适生地区，可通过自然传播和人为传播，是世界上最具危险性的林业检疫性有害生物。

（3）潜在危害和影响。在疫区造成大量松树死亡，严重威胁信阳市生态安全。每年造成的直接和间接经济损失超过 500 万元。

（4）预防和治理难度。防治方法有限，短期防治效果不明显，防治成本高，需要大量人力、物力。

2. 定量分析

风险评估值为 3.40（见表 3-2）。

3. 风险等级划分

风险等级属于一级，为高危险，需要采取严格的措施加强管理。国家应重点关注该物种的发生危害情况，并组织对其进行控制。

4. 风险管理

一是检疫措施。加强检疫执法，严防疫区带疫松木及其制品外运，非疫区要严禁带疫松木及其制品流入，发现带疫木材及制品要按相关规定进行除害处理，严防疫情人为传播。二是疫情监测。做好疫情监测、调查工作，特别是与疫区相邻地段、木材集散地、涉木企业等重点部位的监测，发现松树有感病症状，立即取样检测、鉴定，做到早发现、早除治，将疫情消灭在萌芽状态。三是营林措施。营造混交林，针阔混交，多树种混交，加强林分抚育管理，保持松林环境卫生，创造不利于松墨天牛等媒介昆虫繁殖和扩散的环境。及时清理松林内枯（濒）死松树、风折木、雪压木等，减少松墨天牛虫源，特别是感病死松树，要及时彻底地进行清理，并做好除害处理，将带疫松墨天牛和木材、伐桩、剩余物处理彻底，不留隐患。四是化学防治。对古树名木和需要保护的松树，于松墨天牛羽化初期前 3 个月，在树干基部的 3 个方向打孔注射甲维盐等药剂进行预防。五是综合防治。采取物理、生物、化学等多措施，开展松墨天牛防治工作，消灭传播媒介，切断传播途径。

（二）板栗疫病菌

1. 定性分析

（1）传入定殖风险分析。信阳市气候环境适宜板栗疫病的发生及病树发病，多雨有利于病原菌的传播。

（2）扩散蔓延风险分析。板栗疫病菌可通过风雨、昆虫、鸟类传播，靠带病苗木、接穗和果实的运输远距离传播。目前，信阳市 10 个县（区）中已有 7 个县（区）有板栗疫病菌分布，其余 3 个平原县没有大面积的板栗园，板栗疫病菌也被列为省级重点管理对象。

（3）潜在危害和影响。发病后，板栗树会整株或部分枝条枯死，影响板栗树长势，造成板栗减产，直接影响林农收入。

（4）预防和治理难度。板栗疫病主要是通过化学药剂开展预防性防治，发病后投入大且防治效果差，难以挽回减产的损失。

2. 定量分析

风险评估值为 3.10（见表 3-2）。

3. 风险等级划分

风险等级属于一级，为高危险，需要采取严格的措施加强管理。国家应重点关注该物种的发生危害情况，并组织对其进行控制。

4. 风险管理

一是检疫措施。严格执行检疫制度，发现带有病菌树苗、枝条和果实，立即销毁，严防人为传播扩散。二是营林措施。选育和推广抗病品种。加强板栗园土、肥、水的管理，增强树体抗病能力。三是物理防治。清除病源，对感病树干，于发芽前及时刮除病斑。

刮下的树皮和枝条病斑，要集中烧毁。四是化学防治。春季发芽前，向有病树干和主枝基部涂抹40%腐烂敌、40%退菌特50倍液，或抗菌剂“402”200倍液，或10%碱水、0.15%四霉素20～50倍液进行喷雾防治。

（三）美国白蛾

1. 定性分析

（1）传入定殖风险分析。美国白蛾适应性强，食性杂，繁殖量大，在信阳市的寄主植物有杨树、桑树、白蜡、樱花、悬铃木、李树等多种树种。美国白蛾在信阳市发生10年间，已出现了瓢虫、隐翅虫等多种本土天敌。

（2）扩散蔓延风险分析。信阳市所有县（区）均已公告撤销美国白蛾疫区，但所有县（区）都曾是美国白蛾疫区，且在前几年发生面积较大，说明信阳市各县（区）都是美国白蛾适生区，需要严防疫情再次传入。美国白蛾是世界性检疫害虫，可通过自然传播，成虫也可借助交通工具远距离传播。

（3）潜在危害和影响。疫情发生的10年中，每年造成的直接和间接经济损失超过1 000万元，破坏园林景观，严重威胁生态安全。

（4）预防和治理难度。主要依靠大面积飞机防治，农药残留量大，防治成本偏高，且易造成次生灾害，但美国白蛾对药剂敏感，防治成效好。

2. 定量分析

风险评估值为3.00（见表3-2）。

3. 风险等级划分

风险等级属于一级，为高危险，需要采取严格的措施加强管理。国家应重点关注该物种的发生危害情况，并组织对其进行控制。

4. 风险管理

针对美国白蛾的防治，宏观上坚持“外防输入，内防反弹”的策略。具体上：一是加强疫情监测。建立健全市、县、乡、村四级监测网络，坚持定期普查与常年定点监测相结合，及时掌握美国白蛾发生动态。二是做好检疫执法。积极开展产地检疫和苗木调运检疫，严防染疫造林苗木跨辖区调运事件发生。三是强化疫情防治。各县（区）要抓住美国白蛾各个虫态防治的最佳时间节点，采取诱杀成虫、剪除网幕、飞机喷药、地面喷药、生物防治等综合措施因地制宜组织开展防治，逐步控制压缩和消灭疫情。各县（区）要保证防治物资供应，制定应急防治方案，巩固防治成果，防止疫情反弹。

（四）一年蓬

1. 定性分析

（1）传入定殖风险分析。一年蓬喜生于肥沃向阳土地，信阳市属北亚热带向暖温带过渡地区，季风气候明显，雨热同季，光热资源丰富，土壤也非常适宜一年蓬生长。一年蓬种子产量大、繁殖能力强，再加上没有有效天敌，在信阳市大面积发生。但信阳市散养的牛羊群会以一年蓬为食物，在一定程度上可以控制一年蓬的发生。

（2）扩散蔓延风险分析。一年蓬在信阳市发生区域较广，种子能通过风力传播，传播速度快，且目前尚未采取除治措施，扩散风险高。此次将其作为省级重点外来入侵物种进行调查。

（3）潜在危害和影响。一年蓬在很大程度上影响入侵地生态系统的生物多样性，由于蔓延迅速，发生量大，常危害麦类、果树、桑和茶等，同时入侵苗圃造成危害，也大量发生于荒野、路边，严重影响景观，花粉可致花粉病。

（4）预防和治理难度。信阳市目前尚未开展大面积除治工作。国内普遍采用草甘膦、二甲四氯等药剂化学防除一年蓬，但残留的化学药剂会对环境造成影响。一年蓬在信阳市分布广泛，发生面积大，防治工作需要投入大量的人力、物力和财力。

2. 定量分析

风险评估值为 2.90（见表 3-2）。

3. 风险等级划分

风险等级属于一级，为高危险，需要采取严格的措施加强管理。国家应重点关注该物种的发生危害情况，并组织对其进行控制。

4. 风险管理

一是加强宣传。通过媒体开展广泛宣传，普及一年蓬危害和防治技术，引导群众开展全民防治。二是科学防治。鉴于一年蓬在信阳市已全面发生危害，一时难以投入大量人力、物力和财力，要制定合理的、分阶段的除治计划，并严格实施，力争取得显著成效。

（五）空心莲子草

1. 定性分析

（1）传入定殖风险分析。空心莲子草适应性强，在陆地及水域均可生长，平均气温达 8.5 ℃以上即可萌芽。信阳市地处北亚热带与暖温带气候过渡地带，季风气候明显，雨热同季，光热资源丰富，水资源丰富，适宜空心莲子草生长。信阳市部分牛、猪等牲畜养殖会以空心莲子草为饲料，但空心莲子草繁殖能力强，天敌数量少，一旦发生难以根除。

（2）扩散蔓延风险分析。空心莲子草主要通过人为传播和水流传播，在信阳市各县（区）广泛分布，还可能通过航运进一步扩散。此次调查被定为国家级重点调查物种。

（3）潜在危害和影响。空心莲子草可入侵各种生境，能够覆盖水面，堵塞航道，影响人类水上经济活动；发达的根系与繁茂的茎叶影响生物多样性，对农田、林下经济、畜牧业等产业产生影响；入侵公园、草地等城市绿地，破坏园林景观，加大养护成本；滋生蚊蝇，且常附着有寄生虫，危害人畜健康；繁殖力强，排挤其他植物，降低植物群落的稳定性，严重危及生物多样性，破坏生态环境。

（4）预防和治理难度。目前，我国应用最广泛的是化学防除，但残留的除草剂会对环境造成影响。信阳市水资源丰富，鱼虾、芡实、莲子等水产养殖产业发达，使用化学药剂除治空心莲子草会对水体造成污染。

2. 定量分析

风险评估值为 2.86（见表 3-2）。

3. 风险等级划分

风险等级属于一级，为高危险，需要采取严格的措施加强管理。国家应重点关注该物种的发生危害情况，并组织对其进行控制。

4. 风险管理

参照一年蓬的风险管理措施。此外，空心莲子草无性繁殖能力极强，禁止随意丢弃含有茎节的植物残体，要及时清理农具、船只、车辆上的残留植株，防止跨区域传播。在水域使用打捞船或人工清除，需彻底收集残体并焚烧，在陆地要连根挖除，深翻土壤30 cm以上，破坏地下茎网络。

（六）垂序商陆

1. 定性分析

（1）传入定殖风险分析。垂序商陆喜生于干燥、向阳土地，适应性强，信阳市气候和土壤均适宜其发生，繁殖能力强，没有有效天敌。

（2）扩散蔓延风险分析。垂序商陆在信阳市发生区域较广，种子能通过鸟类传播，也可以通过混在蔬菜种子中进行传播，且目前尚未采取除治措施，正持续传播扩散，此次调查被定为省级重点调查物种。

（3）潜在危害和影响。垂序商陆全株有毒，尤其是根部和果实，对人类及家畜均有毒害。有一定的化感作用，入侵人工林及天然林，危害林业生产，破坏生态平衡。

（4）预防和治理难度。主要在果实成熟前将其种群清除，铲除根系。但垂序商陆在信阳市分布较多，需要使用大量人力、物力、财力，防治成本较高。

2. 定量分析

风险评估值为2.86（见表3-2）。

3. 风险等级划分

风险等级属于一级，为高危险，需要采取严格的措施加强管理。国家应重点关注该物种的发生危害情况，并组织对其进行控制。

4. 风险管理

参照一年蓬的风险管理措施。此外，在垂序商陆果实成熟前将其种群清除，铲除根系，可以控制其结实和种子散布，并通过长期治理，在入侵地替代种植其他植物，对控制其发生蔓延可以起到较好的效果。

（七）加拿大一枝黄花

1. 定性分析

（1）传入定殖风险分析。加拿大一枝黄花对生存环境要求低、适应性强，信阳市气候和土壤均适宜其发生，繁殖能力强，没有有效天敌。

（2）扩散蔓延风险分析。加拿大一枝黄花在信阳市多个县（区）均有分布，种子可通过风、鸟等多种途径传播，此次调查被定为国家级重点调查物种。

（3）潜在危害和影响。加拿大一枝黄花具有极高的入侵性，侵入各种生境，极易形成单优群落，严重排挤本地物种的生长，影响生物多样性，对农田、林下经济、畜牧业等产业产生影响。此外，它的根状茎发达，种子小而产量高，一旦定殖就很难根除，对其进行除治需花费大量人力物力，造成经济损失。同时，花粉可导致人类过敏。

（4）预防和治理难度。主要通过人工拔除和药剂防治，防治方法简单，但需要使用大量人力、物力、财力的投入，防治成本较高。

2. 定量分析

风险评估值为2.83（见表3-2）。

3. 风险等级划分

风险等级属于一级，为高危险，需要采取严格的措施加强管理。国家应重点关注该物种的发生危害情况，并组织对其进行控制。

4. 风险管理

一是检疫措施。加强产地检疫，对种植观赏花卉的苗圃地进行认真检疫，发现种植此植物，立即清除并烧毁；加强调运检疫和复检，控制带有该杂草种子的繁殖材料及带有残根残茎的土壤异地人为传播，对外地调入的繁殖材料或者观赏花进行复检，及时发现、及时销毁，以阻止其扩展蔓延。二是物理措施。加拿大一枝黄花种子11月底至12月中旬成熟，为有效减少种子传播源，要抓住加拿大一枝黄花种子还未成熟的有利时机，迅速将其所有植株连根拔除并通过中耕将遗留在土壤中的根茎等无性繁殖器官拣除，带出田外集中焚烧销毁，防止种子、根状茎和拔出部分的传播扩散。三是化学措施。在加拿大一枝黄花的出苗季节和开花前后，利用药剂对植株进行防治，防治方法为：用草甘膦和“一把火”在开花以前混合喷洒；利用草甘膦和洗衣粉以5∶1的比例混合在其幼苗期进行防治；也可使用其他灭生性除草剂进行防治。

参考文献

[1] 中国植物志编辑委员会．中国植物志[M]．北京：科学出版社，1993.
[2] 徐正浩，陈为民，蔡国强，等．杭州地区外来入侵生物的鉴别特征及防治[M]．杭州：浙江大学出版社，2008.
[3] 何家庆．中国外来植物[M]．上海：上海科学技术出版社，2012.
[4] 徐正浩，陈再廖，林云彪，等．浙江入侵生物及防治[M]．杭州：浙江大学出版社，2011.
[5] 王瑞江．广州入侵植物[M]．广州：广东科技出版社，2019.
[6] 万方浩，刘全儒，谢明，等．生物入侵中国外来入侵植物图谱[M]．北京：科学出版社，2012.
[7] 张炳炎．中国枣树病虫草害及其防控原色图谱[M]．兰州：甘肃文化出版社，2016.
[8] 贵州省森林病虫检疫防治站，等．贵州林业有害生物[M]．贵阳：贵州科技出版社，2019.
[9] 信阳市森林病虫害防治检疫站．信阳林业有害生物绿色防控技术[M]．郑州：黄河水利出版社，2019.
[10] 郑玉光，景永帅．苍岩山药用植物图谱[M]．上海：上海科学技术出版社，2021.
[11] 陶园，汤怀武，张红艳，等．防治 4 种漂浮水生植物的化学除草剂筛选[J]．杂草学报，2022，40(2)：73-78.
[12] 刘晓舟，赵成德，杨皓，等．外来有害植物——豚草的危害及综合防治技术[J]．辽宁农业科学，2006(3)：封面 3.
[13] 陈红松，郭建英，万方浩，等．永州广聚萤叶甲和豚草卷蛾的种群动态及对豚草的控制效果[J]．生物安全学报，2018(4)：260-265.
[14] 寿海洋，闫晓玲，叶康，等．江苏省外来入侵植物的初步研究[J]．植物分类与资源学报，2014(7)：793-807.
[15] 汪小飞，黄奏义，汪传友，等．三种除草剂对外来入侵植物大狼耙草的防除效果[J]．生态学杂志，2012，31(7)：1714-1717.
[16] 陈雁，肖杨．外来物种剑叶金鸡菊入侵湖北的现状及对策[J]．农业科技与信息，2008(19)：68.

[17] 曾建军,肖益安,孙敏.入侵植物剑叶金鸡菊的繁殖特征及其与入侵性之间的关系[J].植物生态学报,2010,34(80):966-972.

[18] 黄秋生.外来植物野茼蒿的入侵生物学及其综合管理研究[D].金华:浙江师范大学,2008.

[19] 何惠贞,张学思,陈学诚.我省茶园杂草与防除技术[J].福建农业,1995(4):12.

[20] 王勇.外来植物春一年蓬入侵生物学研究[D].上海:上海师范大学,2008.

[21] 梁月仁.霞浦县本地植物与外来入侵物种现状及防控对策[J].花卉,2017(12):119-121.

[22] 汤东生,董玉梅,陶波,等.入侵牛膝菊属植物的研究进展[J].植物检疫,2012(7):52-54.

[23] 刘天.外来入侵物种菊芋调查研究[J].现代园艺,2024,47(23):47-48.

[24] 周玉玲.来入侵生物:毒莴苣的识别与防治[J].新疆农业科技,2016(2):35-36.

[25] 许桂芳,刘艳侠.钻形紫菀化感作用及危害评价[J].安徽农业科学,2006,34(16):4032-4033.

[26] 张文艳,庞静.空心莲子草的入侵机制及其防治对策[J].作物研究,2013(3):302–306.

[27] 马瑞燕,王韧.喜旱莲子草在中国的入侵机理及其生物防治[J].应用与环境生物,2005,11(2):246-250.

[28] 黄思娣,曾爱平.空心莲子草的天敌昆虫防治研究进展[J].吉林农业,2010(6):78-80.

[29] 来小龙,王慧,马瑞燕.入侵种喜旱莲子草——主要天敌昆虫[J].昆虫天敌,2007,29(3):129-132.

[30] 张燕,慕小倩.外来杂草反枝苋对农作物的化感作用及其风险评价[J],西北植物学报,2008,28(4):771-776.

[31] 鲁萍,梁慧,王宏燕,等.外来入侵杂草反枝苋的研究进展[J].生态学杂志,2010,29(8):1662-1670.

[32] 朱爱丽,张洁.反枝苋的生药鉴别[J].中药材,2015,38(2):287-289.

[33] 刘爽.入侵植物反枝苋对根细胞的化感效应[D].成都:四川师范大学,2010.

[34] 左然玲,强胜.外来入侵杂草——反枝苋[J].杂草学报,2006(4):54-57.

[35] 赵彦杰.北方果园常见杂草种类及其防除对策[J].安徽农业科学,2006(9):1915-1916.

[36] 郑卉,何兴金.苋属 4 种外来有害杂草在中国的适生区预测[J].植物保护,2011,37(2):81-86.

[37] 张桂宾.豫东农区外来入侵植物及其防控[J].商丘师范学院学报,2006,22(2):153-156.

[38] 许桂芳，刘明久，李雨雷．紫茉莉入侵特性及其入侵风险评估[J]．西北植物学报，2008(4)：4765-4770.
[39] 庄武，曲智，曲波，等．警惕垂序商陆在辽宁蔓延[J]．农业环境与发展，2009(4)：72-73.
[40] 顾建中，史小玲，向国红，等．外来入侵植物斑地锦生物学特性及危害特点研究[J]．杂草科学，2008(1)：19-22，42.
[41] 张卫华，陈超，孙寅．斑地锦（*Euphorbia maculata*）入侵特征、地理分布和风险评估[J]．杂草学报，2017，35(1)：42-47.
[42] 李鹏，李占斌，赵忠，等．渭北黄土高原不同立地上刺槐根系分布特征研究[J]．水土保持通报，2002，22(5)：15-19.
[43] 王兆唐，杨根，蒋玉标，等．大麦田新草害野老鹳草的发生与防治[J]．大麦科学，1999(2)：28-29.
[44] 黄美玉，汪涛，黄雪，等．粉绿狐尾藻的应用、危害与控制对策[J]．草业科学，2023，40(4)：1115-1124.
[45] 金樑，王晓娟，高雷，等．上海市凤眼莲种群的时空分布及控制对策[J]．生态学杂志，2005(12)：1454-1458.
[46] 郑庆伟．苘麻的识别与化学防控[J]．农药市场信息，2014(21)：47.
[47] 郭水良，顾德兴，刘鹏，等．北美车前生物与生态学特征的研究[J]．生态学报，1996(3)：302-307.
[48] 郭水良．外来杂草北美车前的生态特点及防除对策[J]．杂草科学，1994(2)：12-14.
[49] 吴海荣，强胜，段惠，等．波斯婆婆纳[J]．杂草科学，2004(4)：48-51.
[50] 吴海荣，强胜．外来杂草波斯婆婆纳的化感作用研究[J]．种子，2008(9)：67-69，73.
[51] 王开金，强胜．江苏省长江以北地区麦田杂草群落的定量分析[J]．江苏农业学报，2002(3)：147-153.
[52] 谢翠容，汤林彬，刘铭枫，等．波斯婆婆纳的繁殖能力及其入侵原因探析[J]．生态环境学报，2016，25(5)：795-800.
[53] 徐小燕，张卓亚，李东梅，等．棉田恶性杂草香附子的研究概况[J]．杂草学报，2021，39(1)：1-11.
[54] 张传伟．大豆、花生田香附子的发生危害与防治[J]．农药市场信息，2004(11)：37.
[55] 武菊英，王庆海，孙振元，等．物理和化学方法对五叶地锦的防控作用[J]．林业科学研究，2004(2)：237-240.
[56] 孙民琴，禹海鑫，郭骁驹，等．几种曼陀罗植株识别及种子鉴定研究[J]．中国植保导刊，2016(7)：65-67，82-83.

[57] 杨忠岐,乔秀荣,卜文俊,等.我国新发现一种重要外来入侵害虫：刺槐叶瘿蚊[J].昆虫学报,2006(6)：1050-1053.
[58] 周绍哲,刘炳南,张莹,等.美国白蛾防治方法[J].吉林农业,2018(1)：78.
[59] 张俊杰,董琴,赵涵博,等.中国大陆美国白蛾的侵入分布、危害与防治概述[J].吉林林业科技,2013(3)：27-30,47.
[60] 刘书景,柳成坡,李德桂,等.美国白蛾的生物学特性及综合防治措施[J].安徽农学通报,2012,18(24)：118-119.
[61] 王福莲,李传仁,刘万学,等.新入侵物种悬铃木方翅网蝽的生物学特性与防治技术研究进展[J].林业科学,2008(6)：137-142.
[62] 夏文胜,刘超,董立坤,等.悬铃木方翅网蝽的发生与生物学特性[J].植物保护,2007(6)：142-145.
[63] 肖娱玉,王凤,鞠瑞亭,等.上海地区悬铃木方翅网蝽的生活史及发生情况[J].昆虫知识,2010,47(2)：404-408.
[64] 鞠瑞亭,李博.悬铃木方翅网蝽：一种正在迅速扩张的城市外来入侵害虫[J].生物多样性,2010,47(2)：404-408.
[65] 骆有庆.高度重视虫传危险性森林病害：松材线虫病[J].昆虫知识,2001(2)：150.
[66] 叶建仁,祁高富.松针褐斑病菌毒素的专化性研究[J].南京林业大学学报,1999(6)：1-4.
[67] 叶建仁,祁高富,包宏,等.松针褐斑病菌毒素对寄主细胞质膜伤害机理的研究[J].林业科学,2000(2)：82-86.
[68] 叶建仁,杨斌,包宏,等.松针褐斑病菌的产毒培养和毒素粗提方法[J].南京林业大学学报,2001(5)：6-10.
[69] 吴永忠,程蕾,杨胜红,等.福寿螺发生现状及综合防治[J].植物医生,2017(10)：53-54.
[70] 刘义满,戢小梅,李长林,等.福寿螺[*Pomacea canaliculata*(Lamarck,1819)]的世界分布[J].湖北农业科学,2019(6)：70-72,77.
[71] 杨海芳,杨姗萍,王沛,等.福寿螺在中国的潜在地理分布区预测[J].江西农业学报,2018(3)：70-73.
[72] 刘阳,曾义玲,索绍霞,等.福寿螺的危害及防治方法[J].农民致富之友,2018(15)：145.
[73] 郭靖,章家恩.福寿螺的生物防治现状、问题与对策[J].生态学杂志,2015(10)：2943-2950.
[74] 李小慧,胡隐昌,宋红梅,等.中国福寿螺的入侵现状及防治方法研究进展[J].中国农学通报,2009,25(14)：229-232.
[75] 方春林,邓勇辉,余智杰,等.克氏原螯虾生物学特性的研究[J].江西水产科技,

2010(3): 18-20.
[76] 雷晓青,肖鸣鹤,胡火庚,等.鄱阳湖克氏原螯虾生物学特性及生长繁殖习性的研究[J].江西水产科技,2009(1): 20-21.
[77] 蔡风金,武正军,何南,等.克氏原螯虾的入侵生态学研究进展[J].生态学杂志,2010,29(1): 124-132.